中国农业科学院
兰州畜牧与兽药研究所
规章制度汇编

杨志强　赵朝忠　主编

中国农业科学技术出版社

图书在版编目（CIP）数据

中国农业科学院兰州畜牧与兽药研究所规章制度汇编 / 杨志强，赵朝忠主编．—北京：中国农业科学技术出版社，2015.12
ISBN 978-7-5116-2300-3

Ⅰ.①中… Ⅱ.①杨…②赵… Ⅲ.①中国农业科学院-畜牧-研究所-规章制度-汇编②中国农业科学院-兽医学-药物-研究所-规章制度-汇编 Ⅳ.①S8-24

中国版本图书馆 CIP 数据核字（2015）第 241115 号

责任编辑　闫庆健　范　潇
责任校对　马广洋

出 版 者　中国农业科学技术出版社
　　　　　北京市中关村南大街 12 号　邮编：100081
电　　话　(010) 82106625（编辑室）　(010) 82109702（发行部）
　　　　　(010) 82109709（读者服务部）
传　　真　(010) 82106625
网　　址　http://www.castp.cn
经 销 者　各地新华书店
印 刷 者　北京富泰印刷有限责任公司
开　　本　787 mm×1 092 mm　1/16
印　　张　17
字　　数　393 千字
版　　次　2015 年 12 月第 1 版　2015 年 12 月第 1 次印刷
定　　价　50.00 元

《中国农业科学院兰州畜牧与兽药研究所规章制度汇编》

编委会

主　编　杨志强　赵朝忠

编　委　刘永明　张继瑜　阎　萍　张小甫　符金钟
李世宏　陆金萍　陈化琦

前　言

中国农业科学院兰州畜牧与兽药研究所（以下简称“研究所”）在贯彻执行国家、农业部和中国农业科学院等部门各项法律法规的同时，结合工作实际，制订了一系列规章制度，形成了具有研究所特色的管理制度体系。为了进一步推进各项工作的制度化、规范化和科学化，形成有章可循、按章办事、规范高效的管理体制机制，提高工作质量和效率，推动中国农业科学院科技创新工程的实施，促进自主创新能力的提升。现将近年制订的研究所规章制度编辑成册，供全所职工查阅并贯彻执行。

本汇编按照各项规章制度的内容分为五部分：第一部分为科技创新工程管理办法，第二部分为人事管理办法，第三部分为行政和后勤管理办法，第四部分为财务和条件建设管理办法，第五部分为党的建设和文明建设管理办法。

在此，对支持和帮助汇编工作的领导和同志们表示衷心的感谢！由于参编人员水平有限，编排中难免存在疏漏或不当之处，敬请批评指正。

杨志强　所长

2015 年 5 月 26 日

目 录

一、科技创新工程管理办法

二、人事管理办法

三、行政和后勤管理办法

四、财务和条件建设管理办法

五、党的建设和文明建设管理办法

一、科技创新工程管理办法

中国农业科学院兰州畜牧与兽药研究所科技创新工程实施方案

（农科牧药办〔2013〕28号）

根据《中国农业科学院科技创新工程实施方案》，为扎实推进科技创新工程，加快提升研究所科技创新能力和综合发展实力，推动研究所实现跨越式发展，建设世界一流农业科研院所的战略目标，结合研究所实际，制订本方案。

一、总体思路和基本原则

（一）总体思路：紧紧围绕中国农业科学院“服务产业重大科技需求、跃居世界农业科技高端”两大使命，立足研究所定位和特色优势，瞄准现代畜牧业发展重大科技需求和国际畜牧兽医科技前沿，统筹利用存量和增量资源，以提升科技创新和支撑能力、建设世界一流现代畜牧兽医研究所为目标，以学科调整和团队建设为主线，以创新科研管理体制机制为核心，以平台条件建设为基础，凝练重大科技选题，谋划国内国际合作，强化成果培育和科技产出，促进大联合、大协作，加强科技兴牧，为我国现代畜牧业发展提供高效优质科技支撑。

（二）基本原则：

1. 坚持整体设计，全力推进实施

围绕研究所“畜、药、病、草”四大学科，认真分析研判，做好整体设计，明确学科领域和研究方向；高度重视，广泛动员，统一思想，凝聚力量，科学规划，统筹部署，全力实施好农业科技创新工程。

2. 坚持学科规律，服务产业需求

瞄准研究所四大学科发展前沿，以重大科技命题为导向，以提高科技创新能力为统领，建立以定向稳定支持为核心的新型科研组织模式，推动学科发展，提升科技持续服务产业的能力。

3. 坚持机制创新，优化资源利用

建立以定岗、定员、定酬为核心的开放、竞争、流动的用人机制，以科研能力和创新成果为导向的评价机制、激励机制和转化机制。整合优化增量与存量科技资源，合理衔接创新工程与现有科技计划、科技专项、基金等任务。

4. 坚持协同创新，拓展开放合作

健全完善协同创新机制，深入开展农科教、产学研合作，广泛凝聚力量，联合实施重大科技命题。营造学科交叉、集成发展的学术环境，推进跨学科领域协作。发挥研究所学科特色和优势，多渠道拓展国际合作空间，深度挖掘国际科技资源，提升国际化水平。

二、主要任务

系统分析研究所“畜、药、病、草”四大学科产业需求、国际前沿和研究基础，明确定位，凝炼目标，发挥优势，突出特色，提升创新能力。

（一）突出体制机制创新：按照“两大使命、一个目标”的要求，突出体制机制创新，探索建立以定岗、定员、定酬为核心的开放、竞争、流动的用人机制，以科研能力和创新成果为导向的绩效考核评价机制、激励机制和转化机制，以定向稳定支持为核心的新型科研组织方式，以协同攻关为特征的开放办所模式。通过优化资源配置和绩效考评，使研究所更具创新活力和创新效率。

（二）持续开展科技攻关：按照学科发展方向和重大科技创新需求，坚持基础研究选项与重大技术攻关相衔接，坚持创新工程与现有科技计划任务相结合，科学选择科研任务。明确各重点研究方向内若干重点任务，长期稳定开展研究活动。跨学科方向凝练战略性、长周期、大协作的重大科技命题，开展联合攻关，实现重大突破和提升。

（三）调整优化人才团队：科学设置科研、技术支撑和管理三类岗位序列。根据“畜、药、病、草”四大学科的重点研究方向分别组建科研团队。每个科研团队由首席科学家、骨干专家和研究助理组成，公开招聘。

（四）进一步改善科研条件：在做好现有科技平台建设和运行管理的基础上，积极争取新的国家级、部省级重点实验室、工程中心。强化兰州大洼山和张掖综合性试验基地建设，大力提升两个基地科研服务保障能力。加强重大科技设施、科技平台和仪器设备建设，形成健全、开放、共享的服务管理模式。

（五）拓展国际合作空间：把握世界畜牧兽医科技发展趋势，围绕学科建设，广泛开展国际合作，重点建设中草食动物繁育、兽用药物、兽医、旱生牧草繁育等优势特色学科，培植新兴学科，拓展国际合作空间。

三、组织管理

按照中国农业科学院科技创新工程要求和部署，以研究所为实施主体，以科研团队为实施单元，建立创新工程管理新机制，科技上突出创新，管理上强化改革，提高研究所自主创新活力、整体运行效率和投入产出率。

（一）组织领导：成立研究所农业科技创新工程领导小组，由所领导、各科研团队首席科学家、部门负责人组成，所长任组长。主要职责是：组织试点申报工作，制定研究所创新工程实施方案，对科技创新方向、重大科研任务、体制机制创新、重要科技资源使用等重大事项做出决策，制订、修订有关规章制度。按照《中国农业科学院创新工程目标任务书》，组织开展科学研究、科研团队建设、条件保障、绩效评估等工作。创新工程领导小组下设办公室，负责创新工程日常工作。

（二）科研团队管理：科研团队实行首席科学家负责制。根据岗位设置要求和相关规定，首席科学家在研究所指导下自主选择、组建、调整科研团队，按研究所相关规定决定团队内部绩效奖励和分配等。首席科学家对研究所负责，按照《中国农业科学院创新工程目标任务书》完成任务，接受监督考核和民主评议。

四、人才选用和条件保障

建立创新人才聘用、培养、使用和激励制度，加大条件支持保障力度，逐步形成高水平创新团队。

（一）岗位设置：遵照“按需设岗、按岗聘人、岗位固定、人员流动”的原则，合理设置科研、技术支撑和管理3个序列的创新岗位，创新岗位人数一般不超过正式在职职工人员数的60%。3个序列岗位数比例原则上为8∶1∶1。科研团队由首席科学家、骨干专家和研究助理构成，三者岗位数比例原则上为1∶6∶7。

按照中国农业科学院创新工程管理中心通知精神，考虑到科研团队的适度规模和未来发展，按照现有正式在职职工人数的25%预设创新科研岗位，用于符合条件的、未来招入和引进的人才进入创新团队。研究所现有正式在职职工203人，按照该人数的25%预设创新科研岗位，共51个。

（二）人员聘用：

1. 首席科学家

首席科学家由研究所根据相关规定和程序进行遴选推荐，报院科技创新工程管理中心研究确定。首席科学家人事关系在研究所的，与研究所签订聘用合同、颁发聘书，聘期一般为5年；人事关系不在研究所的，与研究所签订1年试用期合同，试用期满，经研究所考核合格、院科技创新工程管理中心审定通过后再签订聘用合同、颁发聘书，聘期一般为5年。

2. 骨干专家和研究助理

在研究所指导下由首席科学家根据有关规定和程序公开选聘骨干专家和研究助理，与研究所签订聘用合同，实行动态管理。

3. 技术支撑和管理创新岗位人员

根据有关规定和程序，公开选聘技术支撑和管理创新岗位人员，与研究所签订聘用合同，实行动态管理。

（三）条件保障：研究所负责科研团队的条件保障，包括学术权益、试验条件、办公条件和生活待遇等。

五、绩效管理

（一）绩效考评：研究所根据绩效考核办法，对首席科学家和科研团队进行考评，提交考评报告，并报院科技创新工程、管理中心备案。考评不合格的首席科学家，由研究所上报院科技创新工程、管理中心审核同意后解除聘用合同。

首席科学家根据绩效考核办法，负责考评科研团队成员。首席科学家接受团队成员的民主评议。

（二）绩效奖励：进入创新岗位的人员在实行“基本工资 + 岗位津贴 + 岗位绩效”三元结构工资制的基础上，突出绩效奖励。建立与岗位职责、工作业绩、实际贡献紧密联系、鼓励创新创造的绩效激励机制，对做出重要贡献的各类人才实施重奖。

六、进度安排

按照《中国农业科学院科技创新工程实施方案》，科技创新工程按“3 + 5 + 5 年”梯次推进，全面实施。2013—2015 年为试点探索期，2016—2020 年为调整推进期，2021—2025 年为全面发展期。

（一）试点探索期：2013—2015 年。试点期的主要任务是机制创新，逐步建立以绩效管理为核心的人才团队建设、科研管理等考核、评价、激励机制，分期分批实施创新工程的各项建设任务。

2013 年的主要任务：一是组建研究所科技创新工程领导机构。二是学习动员，调研摸底，调整完善 7 个科研团队，明确各科研团队的重点研究方向。三是做好中国农业科学院科技创新工程试点单位申报工作。四是制定以绩效考评为核心的相关制度。五是初步完成基地平台布局、重大科技命题和国内国际科技合作前期预研。

2014 年的主要任务：一是制订、修订适应科技创新工程建设需要的行政管理、科技管理、用人机制、薪酬激励机制、考核评价机制等制度。二是加强科研团队建设，公开招聘首席科学家、骨干专家和研究助理。三是各科研团队按试点期研究选题开展科研工作，完成年度工作目标。四是完成基地平台建设和重大科技命题申报，推动国内外科技合作。五是完成年度绩效评估等相关工作。

2015 年的主要任务：一是继续公开招聘高层次科技人才，完善科研团队人才结构，7 个已有创新团队人员配备完成。二是各科研团队按试点期研究选题开展科研工作，完成试点期科技创新指标。三是初步建成适应科技创新工程建设需要的行政管理、科技管理、用人机制、薪酬激励机制、考核评价机制等制度体系。四是实施科技创新平台建设。五是完成绩效评估等相关工作。

（二）调整推进期：2016—2020 年。开展试点期绩效评估与总结工作，校正优化创新工程目标任务，全面落实各项新型管理制度，推动科技创新、人才团队创新平台建设和国际合作等各项工作。创新机制更具活力，创新能力显著增强，充分发挥改革排头兵、创新国家队的职能定位和作用，初步建成“世界一流农业科研院所”。

（三）全面发展期：2021—2025 年。健全完善国际领先的农业科研组织方式，在优势学科凝聚一批知名的科学家，建立完善世界领先的创新平台，建立完善科技合作网络。运行机制更加高效，创新环境更加优化，创新效益更加显著，创新人才竞相涌现，自主创新和服务产业能力大幅提升，进入世界一流畜牧业科研院所行列。

中国农业科学院兰州畜牧与兽药研究所科技创新工程人才团队建设方案

（农科牧药办〔2013〕28号）

根据《中国农业科学院科技创新工程实施方案》《中国农业科学院科技创新工程综合管理办法（试行）》，为加强研究所人才队伍建设，打造结构合理、特色明显、整体水平较高的创新团队，实现研究所跨越式发展，建成世界一流畜牧兽医研究所奠定人才团队基础，结合研究所实际，制订本方案。

一、总体思路

深入贯彻党的“十八大”提出的创新驱动发展战略，紧紧抓住农业科技创新工程、“青年英才计划”等重大人才工程的机遇，围绕研究所的战略定位和中心任务，着眼于研究所的长远发展，坚持“人才立所”的理念，遵循“学科引领、资源优化、重点突出、整体带动”的原则，积极探索符合研究所实际的用人机制、薪酬激励机制和绩效评价机制。以高层次人才队伍为核心，以科研队伍为重点，实现各支队伍协调发展。坚持引进与培养并重，全面加强研究所人才团队建设，提升科技创新能力，促进研究所跨越式发展。

二、建设目标

通过实施科技创新工程，到2025年，建立起较为完善的现代研究所运行管理机制。形成以首席科学家为核心，以骨干专家为主体，优势互补，团结协作的紧密型创新研究群体。打造7～9个研究方向明确稳定、结构合理、特色鲜明、竞争有力、国内外具有一定影响和较强创新能力的科技创新团队。建成2～3个在本学科领域中处于领先地位，能够引领国内外学科发展的优秀创新团队。

三、建设内容

一是按照《中国农业科学院学科科研工作方案》和《中国农业科学院科技创新工程实施方案》中“一个重点研究方向组建一个科研团队”的原则，组建“奶牛疾病预防与控制研究团队”“兽用化学药物研究与评价团队”“中国牦牛种质资源创新利用团队”“天然兽用药物的研究与开发团队”“旱生牧草新品种选育团队”“细毛羊资源与育种团队”“中兽医药新技术研究与应用团队”7个科研团队。培育“草食动物营养团队”和“兽用生物药物团队”2个科研团队。

二是遵照“按需设岗、按岗聘人、岗位固定、人员流动”的原则，用好现有人才，稳定关键人才，吸引急需人才，培养未来人才。通过机制体制创新，加大高层次人才引进和培养，使每个科研团队拥有1名首席科学家、7名骨干专家和8名研究助理。其中，骨干专家岗位的20%、研究助理岗位的30%为流动创新岗位。

三是通过科技创新工程支持，引进首席科学家2~4名、骨干专家8~10名，研究助理15~20名。骨干专家以“青年英才计划”人选和具有博士学位、副高及以上职称的青年人才为重点引进对象，研究助理引进对象为具有博士学位的青年人才。

四是建立与岗位职责、工作业绩紧密相连、鼓励创新的薪酬激励机制；引导创新团队瞄准国家战略发展目标、重大科技专项和学科前沿问题以及多学科交叉的新的学科增长点，开展畜牧业基础和应用基础研究、共性及关键技术研究、战略高技术研究和全局性科技基础性工作。争取承担各类国家和省部重大科研计划项目，培育具有国内外重要影响的原创性科研成果。

四、主要措施

（一）组织领导：在中国农业科学院的统一领导下，成立研究所人才团队建设工作领导小组，负责研究所人才团队建设的组织领导。所属各部门在研究所人才团队建设工作领导小组的统一领导下，根据本部门职责分工，主动配合，积极支持，统筹协调，热情服务，共同推进人才队伍建设工作。

（二）经费保障：以中国农业科学院科技创新工程经费支持为主体，以研究所配套经费为辅助，为研究所加强人才团队建设提供经费保证。

（三）基础条件：研究所负责人才团队的条件保障，包括学术权益、试验条件、办公条件和生活待遇等。根据研究所经济实力，争取主管部门支持，建设人才保障住房，解决引进和招聘人员的住房问题，做到人才引得进、留得住。建设研究生公寓，改善研究生招生条件。发挥研究所学科优势，加大研究生招生力度，保持与研究所发展水平和速度相适应的研究生规模。

（四）人才培养与管理：着眼于团队成员整体素质的提高，采取加大国内外学术交流与科技合作力度、加强业务培训学习、承担重要项目等措施，有目的地开展高层次人才联合培养、高级专家聘用和兼职。培养和造就具有国内外领先水平的优秀学科带头人才和优秀创新团队。

（五）完善薪酬分配制度：按照中国农业科学院科技创新工程的要求，建立鼓励创新的薪酬分配制度，修订和完善研究所业绩考核办法和奖励办法，对主持重大项目、取得重大业绩的人才予以重奖，发挥分配的激励作用，鼓励人才团队争取创新、实现创新的积极性。

（六）加强创新文化建设：倡导研究所“探赜索隐，钩深致远”的科学道德风尚，营造百家争鸣、开放和谐、尊重人才、尊重创造的科研环境，激发和保护人才团队的创新激情和活力，鼓励创新，促进创新文化与科技创新的良性互动，从机制和环境上推动创新团队的建设和创新能力的提高。

中国农业科学院兰州畜牧与兽药研究所科技创新工程岗位暨薪酬管理办法

（农科牧药办〔2013〕29号）

第一章　总　则

第一条　根据《中国农业科学院科技创新工程实施方案》《中国农业科学院科技创新工程综合管理办法（试行）》《中国农业科学院科技创新工程岗位管理办法（试行）》和《中国农业科学院兰州畜牧与兽药研究所科技创新工程实施方案》，为做好研究所科技创新工程岗位暨薪酬管理工作，制订本办法。

第二条　本办法适用于研究所创新工程岗位人员。

第三条　创新工程岗位的设置和人员聘用，坚持“按需设岗、公开招聘、择优聘用、合同管理”的原则，实行“以岗定薪、绩效激励、岗变薪变”的分配机制和“能进能出、能上能下”的动态管理机制。

第四条　研究所负责首席科学家的遴选、推荐、考评和管理，负责技术支撑人员和管理人员的招聘、考评和管理。首席科学家根据研究所的有关规定，组织本团队骨干专家岗位和研究助理岗位人选的招聘、考评、管理和绩效分配等工作。

第二章　岗位设置

第五条　研究所现有正式在职职工进入创新岗位的比例一般不超过60%，用于实施青年英才计划等引进人才计划的创新岗位不计入60%的比例内。研究所设创新岗位122个。

考虑到科研团队的适度规模和未来发展，按照研究所现有正式在职职工人数的

25%预设创新科研岗位，用于符合条件的、未来招入和引进的人才进入创新团队。研究所现有正式在职职工203人，按照该人数的25%预设创新科研岗位，共51个。

第六条 创新工程岗位分为科研、技术支撑和管理3个序列，3个序列岗位比例原则上为8∶1∶1。

第七条 科研岗位是指从事基础研究、应用基础研究和应用研究等科研工作的专业技术岗位，包括首席科学家岗位、骨干专家岗位（其中20%为流动岗位）和研究助理岗位（其中30%为流动岗位）3个层级，3个层级岗位比例原则上为1∶6∶7。岗位设置应与中国农业科学院确定的学科方向相一致，坚持从严掌握、宁缺毋滥的原则。研究所设科研岗位98个。其中，首席科学家岗位7个。骨干专家岗位42个，研究助理岗位49个，同时预设科研岗位51个。科研团队和岗位设置如下：

学科领域	研究方向	首席科学家岗位数	骨干专家岗位数	研究助理岗位数
动物资源与遗传育种	牦牛资源与育种	1	6	7
	细毛羊资源与育种	1	6	7
牧草资源与育种	旱生牧草资源与育种	1	6	7
兽药学	兽用化学药物	1	6	7
	兽用天然药物	1	6	7
中兽医与临床兽医学	奶牛疾病	1	6	7
	中兽医理论与临床	1	6	7

第八条 技术支撑岗位是指为基础研究、应用基础研究和应用研究等相关工作提供公共支撑的工程技术、实验技术、图书资料、期刊信息等专业技术岗位，也包括工勤技能系列岗位，坚持专业化管理的原则。研究所设技术支撑岗位12个。

第九条 管理岗位是指担负管理任务的工作岗位，坚持精干高效的原则。研究所设管理岗位12个。

第三章 岗位职责

第十条 首席科学家岗位。

1. 能够正确把握学科前沿问题、发展动态和发展方向，在相关领域参与国际竞争，培育新兴交叉学科，在学科建设中发挥组织者和带头人的作用；

2. 面向国家重大战略需求和国际科技前沿，积极争取和承担国家重大科技计划项目；

3. 提出具有基础性、战略性、前瞻性的科学问题和研究布局，带领科研团队在本学科领域开展具有世界一流水平的科学创新工作。聘期内能够取得国内外同行认同的重大获奖科研成果，在国际知名刊物上发表高水平的论文（研究所为第一完成单位）或取得相应水平的其他成果。

第十一条 骨干专家岗位。完成首席科学家交付的相关科学研究、学术交流、人才培养等任务。具体职责由研究所和首席科学家共同确定。

第十二条 研究助理岗位。协助骨干专家完成相关工作。具体职责由首席科学家确定。

第十三条 技术支撑岗位。

1. 系统地掌握图书期刊的理论知识和专业技能；独立进行文献信息的搜索、鉴别、筛选及组织协调等工作；

2. 系统地掌握本学科的基本理论知识和实验技术；参与科学研究工作，承担试验设计，组织实施重大试验工作；承担实验室的管理工作，负责仪器设备的正常运行维护等；

3. 负责信息检索相关工作人员的应用培训工作，及时提供技术咨询与服务等；负责终端和用户权限的设置和管理；负责系统的管理与维护，及时解决设备运行中出现的故障。

4. 负责野外科研监测、实验任务，负责相关监测、实验数据的整理和质量控制；协助相关科研人员对野外监测、实验仪器设备进行日常维护和管理等；

5. 全面掌握本工种的业务知识和操作技能，负责大型或高精尖设备的安装、调试、操作、维修和保养方面的工作；改革生产（工作）工艺、操作方法，组织并参加技术革新等。

第十四条 管理岗位。

1. 负责研究所发展规划制定、创新工程方案的设计、配套政策的制定和组织实施；

2. 科技项目的申报、立项管理；

3. 负责岗位设置、人员招聘、绩效考评和薪酬管理；

4. 经费预算与执行管理；

5. 其他日常综合、党务、基建等工作。

第四章　基本任职条件

第十五条 首席科学家。

1. 具有正高级职称，身体健康，距退休年龄至少能够任满一个聘期；

2. 具备下列条件之一：

（1）两院院士；

（2）千人计划人才；

（3）国家杰出青年科学基金获得者；

（4）农业科研杰出人才、百人计划人才或长江学者；

（5）国家百千万人才工程人选者；

（6）国家科学技术奖励第一完成人；

（7）国家重大重点项目第一主持人（科技支撑项目主持人、863 项目主持人、863 主题专家组专家、973 首席科学家、转基因专项重大课题主持人、重点基金项目主持人、产业体系首席科学家、行业公益项目主持人等）；

（8）经研究所推荐，报院科技创新工程管理中心（以下简称“院管理中心”）批准，在本研究领域取得显著成绩、具有一定影响的专家。

第十六条 骨干专家。

1. 具有副高级及以上职称，或具有完整的博士后研究经历，或取得博士学位后工作满 2 年；

2. 具备下列条件之一：

（1）独立主持或作为主要骨干参与过国家科技计划、基金等项目（课题）研究，或国家级、省部级科技奖励的主要完成人，或以第一作者公开发表 SCI 论文 3 篇及以上；

（2）中国农业科学院“青年英才计划”引进的 A、B、C 类人才；

（3）经研究所批准的其他优秀人才。

第十七条 研究助理。

1. 具有独立从事科研工作的能力和相关研究工作经历；

2. 专业技术十级及以上岗位聘用人员或者是博士后。

第十八条 技术支撑人员。

1. 具有长期从事公共支撑技术服务工作的经历，能熟练操作相应仪器设备；

2. 专业技术十级及以上岗位的聘用人员；或者取得高级工以上任职资格。

第十九条 管理人员。

1. 具有较高的政治素养和政策理论水平，热爱农业科技事业，具有开拓创新精神；

2. 系统掌握管理岗位所需的业务知识和方法，具有较强的分析能力、组织协调能力；

3. 近 3 年来，作为主要作者公开发表过一定数量的管理类文章，或起草过被院（所）采纳的重要报告或重要文件；

4. 从事管理工作时间不少于 3 年，管理经验丰富；

5. 应具有大学本科以上学历。

第五章　岗位聘用

第二十条　研究所按照“公开、公平、公正”的原则，根据岗位任职条件和有关规定，公开招聘和管理各类创新岗位人员。

第二十一条　实行分级聘用制度。聘用工作实行回避制度。

第二十二条　聘用基本程序：

1. 根据创新工程岗位需求，发布招聘信息，公开招聘；
2. 应聘人员按照招聘岗位条件和资格要求，自愿申请；
3. 对应聘人员的资格进行审查；
4. 研究所招聘领导小组对应聘人员进行考评，择优确定人选；
5. 对拟聘人员进行公示；
6. 签订聘用合同，办理聘用手续。

第二十三条　首席科学家由研究所遴选推荐，报院管理中心审定。管理中心确定人选后，所内人员入选首席科学家的与研究所签订聘用合同，聘期一般为5年，由院管理中心颁发聘书。引进人员入选首席科学家的，一般试用期1年，试用期满考核合格后，与研究所签订聘用合同，聘期一般为5年，由院管理中心颁发聘书。

第二十四条　骨干专家和研究助理及技术支撑岗位人员，由首席科学家根据标准和有关规定公开选聘，与研究所签订聘用合同，实行动态管理。

第二十五条　管理岗位人员的聘用，按干部管理权限办理。

第二十六条　流动创新岗位执行短聘期，聘用时间一般为1～2年。

第六章　条件保障与薪酬激励

第二十七条　研究所负责科研团队的条件保障，包括学术权益、试验条件、办公条件和生活待遇等。

第二十八条　建立与岗位职责、工作业绩紧密联系和鼓励创新的薪酬激励机制。创新工程岗位实行“三元结构”薪酬制，即“基本工资＋岗位津贴＋岗位绩效”。基本工资为职工按照国家工资制度应该享受的工资、津贴、补贴；岗位津贴为研究所根据各创新岗位所承担的职责而设置的津贴，实行按岗定酬，岗变薪变；岗位绩效为根据工作业绩和实际贡献确定的绩效奖励。

第二十九条 所领导实行年薪制。

第三十条 岗位津贴采用基数乘以岗位津贴系数的分配形式。基数根据研究所当年的经济状况，由所务会议讨论决定后公布执行。岗位津贴系数为：首席科学家30，骨干专家、管理岗位18，研究助理、支撑岗位15。

第三十一条 岗位绩效按照研究所《科研人员业绩考核办法》《管理服务人员业绩考核办法》《奖励办法》的规定核算发放，其中团队骨干专家、研究助理的岗位绩效由首席科学家按聘用合同约定发放。

第三十二条 对于没有享受政策性保障住房的千人计划、青年英才计划等高层次引进人才，按院创新工程管理中心确定的补贴标准给予一次性安家费补助。在过渡期内，研究所应保证周转住房。

第七章　绩效考评

第三十三条 实行分级考评和动态管理制度。研究所负责对首席科学家、科研团队、技术支撑人员和管理人员的绩效考评，首席科学家负责团队骨干专家、研究助理的绩效考评。

第三十四条 对首席科学家和科研团队，按照聘期目标任务完成情况和聘期工作业绩两类指标进行定量考核。考核依据为聘任合同书、研究所科研人员业绩考核办法。首席科学家接受团队成员的考核评议。考核结果由研究所提出考评报告，报院管理中心备案，并反馈给首席科学家落实有关整改意见。考核评估不合格者报院管理中心审核同意后进行调整。

第三十五条 首席科学家根据确定的聘期目标任务和研究所科研人员业绩考核办法，对团队成员的德能勤绩进行年度考核，明确绩效奖励，并对成员的努力方向给予具体指导。考核不合格者，研究所与其解除聘用合同。

第三十六条 对技术支撑和管理序列创新岗位人员的考核，由研究所按《管理服务开发人员业绩考核办法》进行定性定量考核。考核不合格者，研究所与其解除聘用合同。

第八章　附　则

第三十七条　本办法自发布之日起执行。

第三十八条　本办法由党办人事处负责解释。

中国农业科学院兰州畜牧与兽药研究所辅助服务岗位暨薪酬管理办法

（农科牧药办〔2013〕29号）

第一条 在研究所实施科技创新工程后，对未进入创新工程的非创新工程岗位人员进行分类管理。根据创新工程建设需要，按照岗位性质和职责，设置辅助岗位和服务岗位。为加强对辅助和服务岗位及人员的管理，保障研究所科技创新工程顺利实施，制定本办法。

第二条 本办法适用于研究所辅助和服务岗位及人员。

第三条 辅助岗位主要职责是协助进行科技创新工程管理工作和科研工作，服务岗位主要职责是为科技创新工程提供服务保障工作。

第四条 辅助岗位和服务岗位坚持“按需设岗、公开招聘、择优聘用、合同管理”的原则，实行按岗定酬，按岗取酬，岗变薪变，动态管理。由未进入创新工程的其他人员公开竞聘上岗。

第五条 辅助岗位和服务岗位设置及岗位职责按照研究所《机构设置、部门职能与工作人员岗位职责编制方案》（农科牧药办〔2011〕31号）中有关规定执行。

第六条 辅助岗位和服务岗位的岗位聘任条件按研究所《机构设置、部门职能与工作人员岗位职责编制方案》和《全员聘用合同制管理办法》（农科牧药办〔2011〕31号）中有关规定执行。其中，年龄均以聘任时上年12月31日为准。

第七条 辅助岗位和服务岗位的聘用“公开、公正，竞争、流动”的原则，聘用程序及合同管理按研究所《全员聘用合同制管理办法》（农科牧药办〔2011〕31号）中有关规定执行。

第八条 建立与岗位职责、工作业绩、实际贡献紧密联系的绩效分配与激励机制。实行“基本工资+岗位津贴+岗位绩效”的三元薪酬制。其中，基本工资为职工按照国家工资制度应该享受的工资、津贴、补贴，岗位津贴为研究所根据本岗位所承担的职责而设置的津贴，岗位绩效为根据工作业绩和实际贡献确定的绩效奖励。

第九条 辅助岗位和服务岗位的岗位津贴采用基数乘以岗位津贴系数的分配形式。基数根据研究所当年的经济状况，由所务会议讨论决定后公布执行。辅助岗位和服务岗位的岗位津贴系数为15。

第十条 辅助岗位和服务岗位业绩考核由研究所负责按《管理服务开发人员业绩考核办法》进行考核。绩效奖励按照研究所《管理服务人员业绩考核办法》和《奖励办法》的规定核算发放。药厂、房产管理处，实行经济目标任务管理。该部分人员业绩考核和岗位绩效按签订的经济目标任务书执行。

第十一条 本办法自发布之日起执行。

第十二条 本办法由党办人事处负责解释。

中国农业科学院兰州畜牧与兽药研究所科技创新工程项目管理办法

（农科牧药办〔2013〕30号）

为进一步贯彻《中国农业科学院科技创新工程实施方案》和《中国农业科学院科技创新工程管理办法》精神，加强对研究所科技创新工程项目的科学化、规范化管理，促进研究所科技创新能力持续提升，特制订办法。

第一条 本办法中所指项目为中国农业科学院科技创新工程立项资助的各类项目，并有相应的经费。

第二条 科技管理处作为研究所科研项目管理服务的职能部门，负责研究所科技创新工程项目的组织申报、管理和监督检查，协调人、财、物等方面的关系，为项目的圆满完成服务。

第三条 研究所成立科技创新工程战略咨询委员会，成员由研究所学术委员会成员及院、所相关部门负责人组成。主要职责是：对科技创新方向、重大科研任务、体制机制创新等提出指导意见，对研究所科技创新工程重大事项等提出决策建议，协调重要科技资源使用。

第四条 项目申请。

第一款 项目主要围绕研究所畜牧、兽医两大学科集群，畜禽资源与遗传育种、动物营养、牧草资源与育种、兽用药物工程、动物疾病与中兽医学五大学科领域，牦牛资源与育种、细毛羊资源与育种、草食动物营养、旱生牧草资源与育种、兽用化学药物、兽用天然药物、兽用生物药物、奶牛疾病、中兽医学理论与方法九大研究方向，安排布置体现前瞻布局的科研选题工作，抢占未来农业科技的制高点，掌握未来农业发展的主动权。项目研究内容要求学术思想新颖，立项依据充分，设计方案科学合理，技术路线明确，符合研究所学科发展方向，为进一步申报国家级、省部级和院级重大科技项目或成果，以及开发新产品、新技术奠定基础。

第二款 项目研究须结合申请者前期研究基础，围绕研究所学科建设与学科发展规划，瞄准世界科技发展前沿，开展具有重要科学意义、学术思想新颖、交叉领域学科新生长点的创新性研究；鼓励具有创新和学科交叉领域项目的申请，重点资助前瞻性与应用潜力较大的创新性研究；优先支持具有一定前期工作基础的研究项目。

第三款 项目研究须围绕国民经济和社会发展需求，有重要应用前景或重大公益意义，有望取得重要突破或重大发现的孵化性研究，资助开发前景好，可取得重大经济效益的关键技术，包括新技术、新方法、新工艺以及技术完善、技术改造等研究。通过产品关键技术的研究能显著改善和提高产品的质量，增强市场竞争力。优先资助具有自主知识产权的新兽药、新疫苗、新品种选育等项目研究。

第四款　项目支持研究所优秀人才引进、人才培养、人才团队建设、条件平台建设和国际合作与交流等工作的开展。

第五款　研究所根据院科技创新工程试点探索期、调整推进期、全面发展期的“3+5+5年”梯次进行项目推进，以创新团队为申报主体，每期组织一次研究所科技创新工程项目的申报遴选。在研项目未按要求完成或没有结题的不得再次申请新课题。

第六款　申请者应具备以下条件：

（一）恪守科学道德，学风端正，学术思想活跃，发展潜力较大；

（二）申请项目的主持人须符合院科技创新工程首席科学家或骨干专家要求的本所在职科技人员，能够组建以青年科技人员为主的稳定研究队伍；

（三）申请者应保证有足够的时间和精力从事申请项目的研究。

第五条　项目评审立项。

第一款　研究所严格按照中国农业科学院科技创新工程工作要求，在研究所科技创新工程战略咨询委员会的指导下，由科技管理处具体负责科技创新工程立项评审相关材料的协调安排。

第二款　项目负责人在收到立项通知后，严格按照项目申请书的内容编写《中国农业科学院科技创新工程目标任务书》并向研究所科技管理处提交《任务书》。任务书内容一般不得变动，如确需变动，需报请院审议通过。科技管理处检查核对后上报研究所所长，由所长批准执行。项目任务书一经签订，经费使用须严格按年度预算开支。

第六条　项目执行管理。

第一款　项目主要开展四项工作任务：持续开展科技攻关、调整优化人才团队、建设完善科研条件、拓展国际合作空间。

第二款　研究所主要依据《中国农业科学院科技创新工程目标任务书》对资助项目实行动态督促、检查，对项目执行中存在的问题及时协调处理，按年度对项目执行情况对照任务书进行考评，并作为开展绩效评估的依据。

第三款　每年12月之前，由科技管理处对项目统一组织相关专家进行评估，并不定期对项目实施情况进行检查。项目负责人全面负责项目的实施，定期向科技管理处报告项目的执行进展情况，如实编报项目研究工作总结等。

第四款　凡涉及项目研究计划、研究队伍、经费使用及修改课题任务、推迟或中止课题研究等重要变动，须经研究所审议通过。如遇有下列情况之一者，可中止研究课题，并追回研究经费：

（一）无任何原因，不按时上报课题进展材料；

（二）经查实课题负责人有学术不端行为。

第五款　项目负责人因特殊原因需要更换的，由项目负责人提出申请，研究所讨论审核批准后执行；如无合适的人选替换，按终止课题办理。

第六款　项目结题、验收、鉴定和报奖按中国农业科学院及研究所相关管理办法执行。项目研究形成科技论文、专著、数据库、专利以及其他形式的成果，须注明“中国农业科学院科技创新工程项目资助”。项目研究中取得的所有基础性数据、研究成果和专利等属研究所所有。

第七条 项目经费管理。

第一款 项目资金来自中央财政，主要用于支持开展符合研究所科技创新工程主要任务要求的具体工作，专款专用。

第二款 项目各项费用的开支标准应当严格按照《中国农业科学院科技创新工程经费管理办法》和《中国农业科学院兰州畜牧与兽药研究所科技创新工程经费管理办法》使用管理。项目经费严格按目标任务书确定的开支范围进行管理。

第三款 项目经费的管理和使用接受上级主管部门、国家审计机关的检查与监督。项目负责人应积极配合并提供有关资料。

第四款 项目负责人应在科研和财务管理部门的管理监督下，按计划使用课题经费。于结题后的 2 个月内提交经费使用决算，完成审计。

第五款 对撤销或终止的课题，应及时清理账目，按要求收回结余经费。

第八条 项目绩效管理。

第一款 在中国农业科学院绩效考评制度的基础上建立研究所、科研团队分级分期绩效考评制度。

第二款 依据《中国农业科学院兰州畜牧与兽药研究所科技创新工程目标任务书》和《中国农业科学院兰州畜牧与兽药研究所科技创新工程绩效考评办法》分别对首席科学家和科研团队进行考评。考评结果与目标校正、动态管理、绩效预算等直接挂钩。

第三款 依据《中国农业科学院兰州畜牧与兽药研究所科技创新工程目标任务书》等制定考评办法，提出考评报告，报院备案，交首席科学家落实有关整改意见。在院科技创新工程试点探索期期末考评，调整推进期、全面发展期的期中和期末考评中不合格的首席科学家，研究所报院同意后可与首席科学家解除聘用合同。

第四款 首席科学家根据岗位职责和创新任务负责对科研团队成员的考评，对科研团队成员的业绩等进行年度考评，明确绩效奖励，并对成员的努力方向给予具体指导。首席科学家接受团队成员的民主评议。

第九条 奖惩。

第一款 项目完成后经验收评估为优秀，在今后课题申请时可优先支持。验收评估未完成任务或不合格，两年内不得申报新课题。

第二款 申报成果和发表论文要标注经费来源。获得成果和发表论文的知识产权归研究所所有。

第三款 相关奖励依据研究所奖励办法执行。

第十条 本办法如与上级有关文件不符时，以上级文件为准。

第十一条 本办法由科技管理处负责解释。

第十二条 本办法自印发之日起执行。

中国农业科学院兰州畜牧与兽药研究所科技创新工程研究生及导师管理暂行办法

（农科牧药办〔2013〕30号）

为了做好研究生的培养和管理工作，保障研究生在所期间的学习、生活和工作等顺利进行，保证学生身心健康，促进研究生德、智、体、美全面发展，提高研究生的培养质量，按照教育部《普通高等学校学生管理规定》和中国农业科学院研究生院学生管理的有关规定，结合研究所的实际情况，特制定本办法。

第一条 本办法适用范围。

本办法适用研究生为：

（一）研究所导师的中国农业科学院研究生院的硕士研究生和博士研究生；

（二）研究所的导师作为第一导师合作招收的硕士研究生和博士研究生。

第二条 学生在所期间依法履行下列义务。

（一）遵守宪法、法律、法规，遵守研究所各项规章制度；

（二）按规定缴纳学费及有关费用；

（三）遵守学生行为规范，尊敬师长，养成良好的思想品德和行为习惯，努力学习，完成规定学业。

第三条 学生在所期间的注册与考勤制度。

（一）所有研究生到所时，必须到科技管理处登记注册；

（二）研究生在所期间实行上下班考勤制度，考勤方式及时间参阅《中国农业科学院兰州畜牧与兽药研究所职工上下班考勤暂行规定》（农科牧药办〔2005〕59号）。研究生如需请假，应填写请假单，由导师签署意见后报送科技管理处备案。请假两周以内，由指导教师签署意见后，研究所科研处主管领导批准。请假两周以上，经研究所科研处提出同意意见后，报研究生院研究生管理部门批准。

第四条 学生在所期间的住宿管理。

（一）由研究所招收的中国农业科学院的研究生住宿由研究所统一安排；

（二）研究生必须严格遵守研究所有关住宿管理的规定，不得带领、留宿其他社会闲杂人员，不得使用大功率的电器，不得在宿舍内酗酒，严禁打架斗殴；

（三）研究生按照相关规定必须承担相应的费用。

第五条 研究生助学金及在所实验期间津贴发放办法。

为了鼓励研究生在学期间勤奋学习和创新进取，促进人才成长，对我所研究生在所实验期间的助学金和研究生津贴发放做如下规定：

（一）助学金发放标准；

在所进行实验研究的学生助学金由所在学校承担支出。

（二）在所期间的研究生津贴发放标准；

研究生津贴为研究生到研究所后，协助导师承担相应的研究工作任务所给予的经济补贴。研究生津贴由导师负担，由研究所统一安排支出。每学年科技管理处和导师要对学生的政治思想表现、工作态度和工作质量进行考核。根据考核结果确定下一学年的津贴数额。

根据中国农业科学院《关于调整中国农业科学院研究生基本生活津贴和助研津贴的通知》（农科院研生［2012］37号）研究生津贴发放的标准为：硕士研究生不低于1000元/月，博士研究生不低于1500元/月。

中国农业科学院研究生院研究生的研究生津贴严格按照以上标准从导师课题中发放；联合招收的研究生津贴标准可参考执行。

第六条 有关论文发表和科技成果管理的规定

（一）研究生在所期间参与的试验和科研成果属研究所所有，研究生必须保守相关机密，不得随意将研究所的相关科研机密泄露出去，由此产生的法律后果将由泄密者承担。

（二）研究生科技论文和学位论文的发表规定。研究生科技论文的发表须得到研究所的同意，实行备案制度，研究生在论文投稿之前必须经导师审核签字后方可投稿，发表论文须注明研究所为第一完成单位（通讯作者）。部分涉及核心技术的研究内容将禁止公开发表。

（三）硕士研究生在攻读学位期间要求在国内核心期刊上发表1篇以上学术论文和被SCI收录的期刊发表1篇学术论文；硕博连读研究生在攻读学位期间要求发表1篇以上被“中国农业科学院院选核心期刊目录”收录的学术论文和1篇以上SCI学术论文（累计影响因子1.0以上）；博士研究生在攻读学位期间要求发表1篇以上被“中国农业科学院院选核心期刊目录”收录的学术论文或在国内核心刊物上发表2篇以上学术论文，累计中文影响因子2.0以上，并发表1篇以上SCI学术论文（累计影响因子1.0以上）。发表在影响影子3.0及以上的SCI、EI、SSCI源刊物的研究论文，同等贡献的第二作者视同第一作者。学术期刊分级标准参照《中国计量学院国内一级、核心学术期刊和国家级出版社目录》（量院［2010］29号）。

（四）获得省部级科技成果奖三等奖以上（排名前3名），或获得国家发明专利（排名前2名），可视同为达到发表论文的要求。

（五）研究生在申请学位前必须按照要求向科技管理处提交已发表论文的复印件，经审核合格后方可申请学位。论文尚未公开发表但已有录用证明者，须附上经导师签署意见的论文。

（六）因论文涉密而不能公开发表时，研究生应在中期考核前向研究所提出论文保密申请并报研究生院批准。具体要求见中国农业科学院《关于涉密研究生学位论文管理的暂行规定》。

（七）研究生在发表论文中被发现有抄袭、剽窃、弄虚作假和一稿多投行为，经核实后将视其情节轻重，按照《学生管理规定》处理，本人承担相应法律责任。

（八）研究生在攻读学位期间如未按规定发表学术论文，须提交延期毕业申请并在两年内提出学位申请，同时停发研究生导师的导师津贴 1 年。

第七条 研究生管理的组织。

研究生的管理是在研究所的统一领导下，由科技管理处和导师共同管理。成立由科技处专人负责的班级管理制度，现设 1 个班，分别推选正副班长各 1 名，负责研究生的管理服务工作。

第八条 研究生指导教师工作条例

为保证研究生的培养质量，全面提高研究生指导教师（以下简称导师）队伍的整体素质，根据《中国农业科学院研究生指导教师工作条例》的有关规定，结合我所实际情况制订本条例。

（一）导师职责；

导师应熟悉并执行国家学位条例和研究生院有关研究生招生、培养、学位工作的各项规定。导师要全面关心研究生的成长，培养学生热爱祖国、为科学事业献身的品德。在治学态度、科研道德和团结协作等方面对研究生提出严格要求，并协助科研处做好研究生的各项管理工作。

导师应承担研究生的招生、选拔工作（命题、阅卷及复试等），并进行招生宣传。

导师应定期开设研究生专业课程或举办专题讲座、教学实践活动等，严格组织学位课程考试，定期指导和检查培养方案规定的必修环节，并协助考核小组做好研究生开题报告、中期考核和博士生综合考试等工作。导师应指导研究生根据国家需要和实际条件确定论文选题和实验设计，指导研究生按时完成学位论文，配合科研处做好学位论文答辩的组织工作，协助有关部门做好毕业研究生的思想总结、毕业鉴定和就业指导工作。

导师出国、外出讲学、因公出差等，必须落实其离所期间对研究生的指导工作。离所半年以上由科研处审批报研究生院备案，离所一年应更换导师并暂停招生。导师应有稳定的研究方向和经费来源，年均科研经费不少于 20 万元。

（二）研究生导师津贴；

研究生导师津贴按照导师所培养学生（第一导师）的数量给予相应的津贴。标准为：每培养 1 名硕士研究生，导师津贴为 500 元/月，博士研究生导师津贴为 800 元/月，可以累计计算。导师津贴从导师主持的科研项目中支付。

（三）导师的考评。

研究生院与研究所共同进行导师的考评，结合研究生培养工作和学位授予质量进行评估检查。对于不能很好履行导师职责，难以保证培养质量的导师，研究所应进行批评教育，直到提出停止其招生或终止其指导研究生的意见，报研究生院审批，同时停发导师津贴。

中国农业科学院兰州畜牧与兽药研究所
科技创新工程财务管理办法

（农科牧药办〔2013〕31号）

第一章　总　则

第一条　为进一步规范和加强科技创新工程试点经费中科学事业费（以下简称：试点经费）的管理，根据国家有关财务规章制度的规定，制订本办法。

第二条　财务管理的基本要求是：认真执行国家有关法律、法规、财务规章制度，严肃财经纪律；坚持勤俭办所的方针；增收节支、合理有效筹集和运用资金，为科技创新工程试点提供必要的经济保障，充分发挥试点经费对科技布局与组织结构调整的经济杠杆作用，激励我所通过承担国家和地方科研任务等获得更多的社会资源，促进我所提高持续科技创新能力和增强综合竞争实力。

第三条　财务管理的主要任务是：健全财务管理体制，理顺财务关系；科学编制预算，合理配置资金。经费的管理和使用，要严格遵守国家有关财务规章制度的规定。针对我所各类科技活动的特点，实行“整体规划、保证重点、择优支持、鼓励竞争、优化配置、动态调整”。

第四条　根据实际情况，专项经费由研究所根据试点工作目标、任务和批准的预算安排使用；试点经费由研究所统一安排。原渠道获得的院拨科学事业费与专项经费一并纳入预算，统筹安排，合理使用。

第五条　本办法适用于进入科技创新工程试点工作的部门和科研团队；适用于符合科技创新工程试点工作目标的创新项目、结构性调整和支撑系统等专项工作。

第二章 经费管理

第六条 院科技创新工程专项经费严格按照《中国农业科学院科技创新工程经费管理办法》使用管理。

第七条 院科技创新工程各项科研任务必须加强立项论证，强化预算管理，确保专项资金合理分配使用。

第八条 现有科技计划、专项、基金等任务经费，严格按照国家相关规定管理。

第九条 专项经费实行一次核定，根据考核结果实行动态调整。

第十条 专项经费主要用于提高科研团队持续开展科技攻关、调整优化人才团队、建设完善科研条件、拓展国际合作空间持续创新能力、增强对外竞争能力和引进人才等。专项经费的使用实行法人负责制，由条财处统一管理，专款专用，坚持为科技创新工程服务，与科技创新战略目标、绩效、推动资源优化组合挂钩，不搞平均分配。

第三章 经费的分配与使用

第十一条 研究所统一安排的经费主要包括创新项目经费、结构性调整经费、支撑系统专项经费等。经费要按照国家和院有关规定管理和使用，实行专款专用。

第十二条 创新项目经费包括重大项目经费、重要方向项目经费。项目的组织与管理按照研究所相应管理办法执行。

第四章 预算管理

第十三条 试点经费属于国家财政专项资金，必须认真执行国家有关财经法规、制度的规定，根据批准的试点方案确定的目标和预算，专款专用。

第十四条 按照国家财政专项资金管理要求及项目支出预算管理办法，对创新工程

科研项目、人才经费、平台建设、国际交流合作经费实行专项管理。加强过程管理和滚动管理。

第十五条 积极争取承担国家各项科研任务，多层次、多渠道、多形式筹集资金，按照综合预算的原则，对筹集的资金统一纳入预算管理。

第十六条 根据《中国农业科学院科技创新工程试点工作任务书》规定的任务和创新经费数额，按照经费管理的要求，按当年所需经费编制预算。

第十七条 根据财政部、农业部、中国农业科学院对部门预算管理的要求，将试点经费全部纳入研究所年度预算。对预算经费进行审核、汇总，并按照“两上两下”的预算编报程序上报院财务局，并对试点经费的使用和管理进行监督检查。

第十八条 财务部门应提高预算编制的科学性和预见性，预算一经批准，原则上不得自行调整，应严格按照批复下达的预算和实际需要编制按季分月用款计划，并在批复的经费额度内合法合理使用。不得超预算编制用款计划，不得违规使用经费。

第十九条 财务部门应将试点经费统一管理，并按照财政专项经费管理要求，经审核批准后将结余额度全部结转下一年度，继续用于创新工程工作。

第二十条 财务部门要严格按照国家财务制度和本办法规定的开支范围合理支出，不得任意扩大开支范围。试点经费不得用于支付各种罚款、捐款、赞助、投资等支出，不得列入国家规定禁止列入的其他支出，不得擅自从零余额账户套取试点经费。要按照合法的原始凭证和实际发生数办理支出手续，不得虚报冒领。

第五章　国有资产管理

第二十一条 研究所国有资产管理领导小组为本所国有资产的管理机构，对本所占有和使用的国有资产实施监督管理。国有资产是指事业单位占有或者使用的能以货币计量的经济资源，包括各种资产、债权和其他权利。事业单位的资产包括流动资产、固定资产、无形资产和对外投资等。

第二十二条 研究所资产管理的范围为本所占有和使用的在法律上确认为国家所有，并可以货币计量的各种科研、经济资源的总和。包括非经营性资产、经营资产、资源性资产。

（一）建立健全现金及各种存款的内部管理制度，应当对存货进行定期或者不定期的清查盘点，保证账实相符。对存货盘盈、盘亏应当及时调账。

（二）固定资产报废和转让，应当经过有关部门鉴定，报主管部门或者国有资产管理部门、财政部门批准。固定资产的变价收入应当转入修购基金，要定期或者不定期地对固定资产清查盘点。年度终了前应当进行一次全面清查盘点。

（三）对外投资应当按照国家有关规定报主管部门、国有资产管理部门和财政部门批准或者备案。以实物、无形资产对外投资的，应当按照国家有关规定进行资产评估。

第二十三条 国有资产管理的内容为产权管理、非经营性管理、经营管理、日常管理。

第二十四条 本所资产的产权管理、非经营性管理、经营管理、日常管理按照农业部、中国农业科学院的有关规定执行。

第六章 财务报告与财务分析

第二十五条 财务报告是指在一定时期财务状况和经营成果总结性的书面文件，财务报告集中、总括反映预算的执行、调整及执行财务制度和财经纪律等情况，是所领导制定经营决策的重要依据。

第二十六条 财务部门要定期按院财务局的要求及时向有关部门编报财务报表，向所长提供财务信息。财务报告主要包括资产负债表、收入支出情况表、基本数字表和财务状况说明书等财务信息资料，并将年度财务执行情况向职工代表大会进行报告。

第七章 检查与评价

第二十七条 财务部门年末应根据财政部、农业部和院财务主管部门年度决算工作的要求，如实将试点经费收支情况纳入单位年度决算报表体系，并应对试点经费预算收入、支出和结存情况、取得成效、存在的问题和建议等做出详细的文字说明，一并上报。

第二十八条 财务部门将根据财政部、农业部、院财务主管部门有关绩效考评的总体要求和部署，会同研究所有关部门对试点经费使用情况进行绩效考评，重点检查和评价试点工作目标的完成情况、创新成果、成果转化及取得的成效，试点经费的安排、使用和管理情况，以及获得院外经费情况。检查和评价结果将作为以后年度预算安排的参考依据。各部门、科研团队应按照要求及时提供真实的相关数据和资料。

第二十九条 对试点经费使用情况采取实地检查和报送检查两种方式，即委派检查人员进行实地检查，或将试点经费收支的有关账簿、报表及其他有关资料报送有关部门进行检查。根据具体情况，也可委托社会中介机构进行检查。

第三十条 对试点经费的使用中弄虚作假、截留、挪用、挤占等违反财经纪律的行

为，研究所将视具体情况，限期改正，通报批评，或扣减其试点经费。情节严重者，追究有关人员的责任，触犯法律的由司法机关依法追究法律责任。

第八章　附　则

第三十一条　本办法与国家或上级有关规定抵触时，按国家或上级有关规定执行。

第三十二条　以往有关财务管理规定与本办法抵触时，按本办法执行。

第三十三条　本办法自发布之日起执行，由条财处负责解释。

中国农业科学院兰州畜牧与兽药研究所奖励办法

（农科牧药办〔2014〕83号）

为提高研究所科技自主创新能力，建立与中国农业科学院科技创新工程相适应的激励机制，推动现代农业科研院所建设，结合研究所实际情况，特制定本办法。

第一条 科研项目。

研究所获得立项的各类科研项目（不包括中国农业科学院科技创新工程费、基本科研业务费和重点实验室运转费等项目），按当年留所经费（合作研究、委托试验等外拨经费除外）的5%奖励课题组。中国农业科学院科技创新工程总经费的5%作为创新团队绩效奖励，由创新团队的首席进行奖励。

第二条 科技成果。

（一）国家科技特等奖奖励80万元，一等奖奖励40万元，二等奖奖励20万元，三等奖奖励15万元。

（二）省、部级科技特等奖奖励15万元，一等奖奖励10万元，二等奖奖励8万元，三等奖奖励5万元。

（三）中国农业科学院特等奖奖励10万元，一等奖奖励8万元，二等奖奖励4万元。

（四）地、厅级科技特等奖奖励2万元，一等奖奖励1.5万元，二等奖奖励1万元，三等奖及鉴定成果奖励0.5万元。

（五）研究所为第二完成单位的成果，按照相应的级别和档次给予40%的奖励，署名个人、未署名单位或我所为第三完成单位及排名第三以后的成果不予奖励。

第三条 科技论文、著作。

（一）科技论文（全文）按照SCI类（包括中文期刊）、国内一级期刊、国内核心期刊三个级别，分不同档次奖励。

1. 发表在SCI类期刊上的论文，按照科技期刊最新公布的影响因子进行奖励，奖励金额为（1+影响因子）×3000元。院选SCI顶尖核心期刊及影响因子大于5的SCI论文（1+影响因子）×8000元，院选SCI核心期刊（1+影响因子）×5000元。

2. 发表在国家中文核心期刊上的研究论文（综述除外），按照国内一级学术期刊和国内核心学术期刊目录（以中国计量学院公布的最新《学术期刊分级目录》为参考）奖励。院选中文核心期刊2000元/篇，国内一级学术期刊论文奖励金额1000元/篇。《中国草食动物科学》《中兽医医药杂志》和国内核心学术期刊奖励金额300元/篇。

3. 管理方面的论文奖励按照相应期刊类别予以奖励。

4. 奖励范围只限于署名我所为第一完成单位的第一作者或通讯作者。农业部兽药创制重点实验室、农业部动物毛皮及制品质量监督检验测试中心（兰州）、农业部兰州黄土高原生态环境重点野外科学观测试验站、甘肃省新兽药工程重点实验室、甘肃省中兽药工程技术研究中心、甘肃省牦牛繁育重点实验室下属的科研人员，发表论文须署相应实验室或工程中心名称，否则不予奖励。

（二）由研究所专家作为第一撰写人正式出版的著作（论文集除外），按照专著、编著和译著（字数超过20万字）三个级别给予奖励：专著（大于20万字）1.5万元，编著（大于20万字）0.8万元，译著0.5万元（大于20万字），字数少于20万（含20万）字的专著、编著、译著和科普性著作奖励0.3万元。出版费由课题或研究所支付的著作，奖励金额按照以上标准的50%执行。同一书名的不同分册（卷）认定为一部著作。

第四条 科技成果转化。

专利、新兽药证书等科技成果转让资金的50%用于奖励课题组。

第五条 新兽药证书、草畜新品种、专利、新标准。

（一）国家新兽药证书，一类兽药证书奖励15万元，二类兽药证书奖励8万元，三类兽药证书奖励4万元，四类兽药证书奖励2万元，五类兽药、饲料添加剂证书及诊断试剂证书奖励1万元。

（二）国家级家畜新品种证书每项奖励15万元，国家级牧草育成新品种证书奖励10万元，国家级引进、驯化或地方育成新品种证书奖励6万元；省级家畜新品种证书每项奖励5万元，牧草育成新品种证书奖励3万元，国家审定遗传资源、省级引进、驯化或地方新品种证书奖励1万元。

（三）国际发明专利授权证书奖励2万元，国家发明专利授权证书奖励1万元，其他类型的专利授权证书、软件著作权奖励0.2万元。

（四）制定并颁布的国家标准奖励1万元，行业标准0.5万元。

第六条 研究生导师津贴。

研究生导师津贴按照导师所培养学生（第一导师）的数量给予相应的津贴。标准为：每培养1名硕士研究生，导师津贴为300元/月；每培养1名博士研究生，导师津贴为500元/月。可以累计计算。

第七条 对推动研究所取得科技成果奖、申报或组织实施重大项目的人员，按照项目经费的一定比例，对相关人员进行奖励，具体奖励办法由所长办公会议研究确定。

第八条 文明处室、文明班组、文明职工。

在研究所年度考核及文明处室、文明班组、文明职工评选活动中，获文明处室、文明班组、文明职工及年度考核优秀者称号的，给予一次性奖励。标准如下：文明处室3000元，文明班组1500元，文明职工400元，年度考核优秀200元。

第九条 先进集体和个人。

获各级政府奖励的集体和个人，给予一次性奖励。

获奖集体奖励标准为：国家级8000元，省部级5000元，院厅级3000元，研究所级1000元，县区级500元。

获奖个人奖励标准为：国家级2000元，省部级1000元，院厅级500元，研究所级

300 元，县区级 200 元。

第十条 宣传报道。

中央领导批示、中办和国办刊物采用稿件每篇 1000 元；部领导批示和部办公厅刊物采用稿件每篇 500 元；农业部网站采用稿件每篇 400 元；院简报和院政务信息报送采用稿件每篇 200 元；院网要闻或院报头版采用稿件每篇 200 元；院网或院报其他栏目采用稿件每篇 100 元；研究所中文网或英文网采用稿件每篇 50 元；其他省部级媒体发表稿件，头版奖励 300 元，其他版奖励 150 元。以上奖励以最高额度执行，不重复奖励。

第十一条 奖励实施。

科技管理处、党办人事处、办公室按照本办法对涉及奖励的内容进行统计核对，并予以公示，提请所长办公会议通过后予以奖励。本办法所指奖励奖金均为税前金额，奖金纳税事宜，由奖金获得者负责。

第十二条 本办法自 2014 年 11 月 13 日所务会议通过并于 2015 年 1 月 1 日开始实施。原《中国农业科学院兰州畜牧与兽药研究所科技奖励办法》（农科牧药办［2014］34 号）同时废止。

第十三条 本办法由科技管理处、党办人事处、办公室解释。

中国农业科学院兰州畜牧与兽药研究所科研人员岗位业绩考核办法

（农科牧药办〔2014〕83 号）

第一条 为充分调动科研人员的能动性和创造力，推进研究所科技创新工程建设，建立有利于提高科技创新能力、多出成果、多出人才的激励机制，特制订本办法。

第二条 全体科研人员的岗位业绩考核实行以课题组为单元的定量考核，业绩考核与绩效奖励挂钩。

第三条 岗位业绩考核以课题科研投入为基础，突出成果产出，结合课题组全体成员岗位系数总和，确定课题组年度岗位业绩考核基础任务量。具体方法为：

（一）课题组岗位系数的核定：课题组岗位系数为各成员岗位系数的总和。岗位系数参照《中国农业科学院兰州畜牧与兽药研究所工作人员工资分配暂行办法》和《中国农业科学院兰州畜牧与兽药研究所全员聘用合同制管理办法》，以课题组年度实际发放数量标准核算。

（二）课题组岗位业绩考核内容包括科研投入、科研产出、成果转化、人才队伍、科研条件和国际合作等，按照“中国农业科学院兰州畜牧与兽药研究所科研岗位业绩考核评价表”（见附件）进行赋分。课题组各成员取得的各项指标得分总和为课题组年度业绩量。

（三）年度单位岗位系数的确定：年度单位岗位系数根据年度总任务量确定。

（四）课题组年度业绩考核基础任务量的确定：课题组岗位系数 = 课题组各成员岗位系数的总和 × 年度单位岗位系数。

第四条 年初按照岗位系数确定创新团队或课题组年度岗位业绩考核基础任务量，进入中国农业科学院农业科技创新工程的创新团队的任务量在基础任务量的基础上提高 20%。对超额完成年度岗位业绩考核基础任务量超额部分给予绩效奖励数 200% 的奖励；对未完成年度岗位业绩考核基础任务量的课题组，按照未完成量的 200% 给予扣除。

第五条 课题组指具有相对稳定合理的人才梯队组成，有明确的学科研究方向，并承担相应科研任务的科研人才团队，实行课题组长负责制。组长是课题组学科研究团队的首席专家，对团队的学科研究方向、人员组成与工作分工、绩效奖励分配等负责。课题组成员一般不少于 3 人，课题组及成员信息需报科技管理处备案。连续两年未完成年度岗位业绩考核基础任务量的课题组，将责令其解散。

第六条 课题组年度《科研人员岗位业绩考核评价表》由课题组长组织填报，科技管理处、党办人事处等相关部门审核后作为年度岗位绩效奖励的依据。

第七条 经研究所批准脱产参加学历教育、培训、公派出国留学等人员的岗位绩效奖励按照实际工作时间进行核算奖励。

第八条 本办法自 2014 年 11 月 13 日所务会议通过并于 2015 年 1 月 1 日开始实施。原《中国农业科学院兰州畜牧与兽药研究所科研人员岗位业绩考核办法》（农科牧药办［2014］34 号）同时废止。

第九条 本办法由科技管理处和党办人事处负责解释。

中国农业科学院兰州畜牧与兽药研究所科研人员岗位业绩考核评价表

序号	一级指标	二级指标	统计指标	分值标准	内容	得分
1	科研投入	科研项目	国家、省部、横向等项目（单位：万元）	0.067		
2			基本科研业务费、创新工程经费（单位：万元）	0.025		
3	科研产出	获奖成果	国家最高科学技术奖	100		
4			国家级二等奖	30		
5			省部级特等奖	25		
6			省部级一等奖	16		
7			省部级二等奖	8		
8			省部级三等奖	4		
9			院特等奖	16		
10			院一等奖	8		
11			院二等奖	4		
12		认定成果与知识产权	国审农作物新品种	8		
13			省审农作物新品种	4		
14			家畜新品种	40		
15			一类新兽药	30		
16			二类新兽药	10		
17			三类、四类新兽药、国家审定遗传资源	4		
18			国家标准	2		
19			行业标准	1		
20			发明专利	2		
21			其他专利、软件著作权	0.4		
22			植物新品种权	2		
23			验收（评价）成果	1		
24			饲料添加剂新产品证书	1		
25		论文著作	院选顶尖 SCI 核心期刊发文数	15		
26			院选 SCI 核心期刊发文数	4		
27			其他 SCI/EI 期刊发文数	1		
28			院选中文核心期刊发文数	0.4		
29			其他中文期刊发文数	0.2		
30			专著	4		
31			编著	2		
32			译著	2		

（续表）

序号	一级指标	二级指标	统计指标	分值标准	内容	得分
33	成果转化	成果经济效益	科技产业开发纯收入（单位：万元）	0.067		
34			技术转让纯收入（单位：万元）	0.067		
35	人才队伍	高层次人才	国家级人才	20		
36			省部级人才	10		
37		人才培养	硕士研究生毕业数	0.2		
38			博士研究生毕业数	0.4		
39			博士后出站数	1		
40	科研条件	科技平台	国家级平台	10		
41			省部级平台	4		
42			院级平台	2		
43	国际合作	国际合作经费	当年留所国际合作经费总额（单位：万元）	0.2		
44		国际合作平台	国际联合实验室	2		
45			国际联合研发中心	2		
46			科技示范基地	4		
47			引智基地	2		
48			科技合作协议	1		
49		国际人员交流	请进部级、校级以上代表团	4		
50			派出、请进专家人数（3个月以上）	2		
51			派出、请进专家人数（3个月以下）	0.2		
52		国际会议与培训	外宾人数10~30人国际会议数（含10人）	2		
53			外宾人数30人以上国际会议数（含30人）	4		
54			举办国际培训班数（15人以上）（单位：班）	2		
55		国际学术影响	参加政府代表团执行交流、磋商、谈判任务数	1		
56			重要国际学术会议主题报告数	1		
57			知名国际学术期刊或国际机构兼职数	2		

（一）所领导、处长等管理人员及挂职干部科研工作量按其任务量的30%，研究室主任按90%、副主任95%核定。

（二）院科技创新工程科研团队人员工作量按基准系数的120%核算。

会议纪要

2015 年 3 月 10 日，杨志强所长主持召开所务会议，征求对《中国农业科学院兰州畜牧与兽药研究所科研人员岗位业绩考核办法》和《中国农业科学院兰州畜牧与兽药研究所奖励办法》（农科牧药办〔2014〕83 号）修订意见，具体内容如下：

一、根据中国农业科学院科技创新工程试点工作的总体目标求，建议对研究所牦牛资源与育种等 8 个院科技创新团队主要人员进行补充调整。

二、下达研究所科研人员年度任务量：会议决定，研究所 2015 年科研人员岗位业绩考核年度单位岗位系数仍为 0.0132。科研人员年度任务量为岗位任务量和职称任务量总和。职称任务量，按照研究员 2 分、副研究员（高级实验师等副高级职称）1.5 分、助理研究员（实验室等中级职称）1 分的标准实行。

取消《中国农业科学院兰州畜牧与兽药研究所科研人员岗位业绩考核办法》（农科牧药办〔2014〕83 号）文件中规定的“进入院创新工程创新团队的任务量在基础任务量的基础上提高 20%”之规定。

三、年度考核表项目赋分标准修订：科研项目赋分标准中的成果转让部分经费赋分调整为 1 分/10 万元。

四、取消《中国农业科学院兰州畜牧与兽药研究所奖励办法》第一条科研项目中“中国农业科学院科技创新工程总经费的 5% 作为创新团队绩效奖励”之规定；第四条修订为“科技成果转化中“专利、新兽药证书等科技成果转让资金的 60% 用于奖励课题组”。

参加会议人员：刘永明　张继瑜　阎萍　杨振刚　荔霞　王学智　巩亚东　苏鹏　张继勤　肖堃　高雅琴　梁春年　严作廷　潘虎　梁剑平　李锦华　董鹏程　王瑜

中国农业科学院兰州畜牧与兽药研究所管理服务开发人员业绩考核办法

农科牧药人字〔2014〕10号

第一条 为全面、客观、公正地评价研究所管理服务开发人员的工作业绩，进一步调动管理服务开发人员的工作积极性，提高工作效率，特制订本办法。

第二条 管理服务开发人员业绩实行分类考核、定性与定量相结合的办法考核。

第三条 管理服务人员指由研究所聘任在管理、公益、后勤服务岗位上的工作人员，基地管理处工作人员，农业部动物毛皮及制品质量监督检验测试中心公益岗位工作人员。

第四条 研究所考核小组负责对管理服务部门工作业绩进行考核。

第五条 每年第四季度对本年度管理服务部门工作业绩进行考核，程序如下：

（一）考核小组对照部门工作年度计划内容，对各管理服务部门的工作完成情况进行考核，确定各部门业绩考核得分。该项考核得分占部门业绩考核得分的40%。

（二）以部门为单位在职工大会上报告工作完成情况，由全体参会职工对该部门工作进行考核打分。该项考核得分占部门业绩考核得分的30%。

（三）所领导根据部门工作完成情况对部门进行考核打分。该项考核得分占部门业绩考核得分的30%。

（四）将部门业绩考核得分、职工打分、所领导打分相加，即为各部门最终业绩考核得分。

（五）各部门业绩考核得分除以100，即为各部门考核业绩系数。

第六条 开发人员绩效奖励按照年度经济目标责任书，由所长办公会议研究决定。

第七条 农业部动物毛皮及制品质量监督检验测试中心公益岗位工作人员的绩效奖励，按中心年度检测收入，由所长办公会议确定，按照一定比例作为部门该部分人员的绩效奖励，由部门按照个人业绩进行分配。

第八条 职能管理部门、后勤服务中心、基地管理处人员的绩效奖励与科研人员绩效奖励挂钩，实行总量控制，由所长办公会议研究确定各岗位人员绩效奖励标准。

第九条 所领导绩效奖励与全所职工的绩效奖励挂钩，正所级绩效奖励为全所职工绩效奖励平均数的3倍，副所级绩效奖励为全所职工绩效奖励平均数的2倍。

第十条 本办法自2014年3月10日所务会议通过之日起执行。

中国农业科学院兰州畜牧与兽药研究所
科研计划管理暂行办法

（农科牧药办字〔1998〕25号）

为了加强科研计划管理，提高工作效率，根据《中国农业科学院关于研究计划管理施行办法》和《中国农业科学院研究课题管理程序施行办法》，结合研究所实际情况，特制订本办法。

一、科研计划的原则。

科研计划是以实现规划为原则。计划管理贯彻整个科研过程，重点是抓好两头，即立题和课题验收。通过计划管理，极大地调动科研人员的积极性，为科技人员创造科研条件，解决困难，使各项研究课题与本所科研方向相互协调和衔接。

二、科研计划实行研究所与项目负责人双重管理制。

（一）科研管理处为本所科研计划管理的职能部门，协助所长编制研究所科技发展规划和实施计划，组织、协调和管理研究所各类科研项目。

（二）研究室是科研计划管理的基层部门，研究室主任对本室学科方向负有指导作用。项目实行课题主持人负责制，课题组在项目主持人的领导下组织实施。

（三）课题组组建将根据研究项目的性质、来源、任务、资助额度等因素综合考虑，逐步实行定岗管理；本所科技人员，原则上只能参加两个科研项目，最多不超过3个项目。

三、科研计划管理项目的主要范围包括：

（一）国家、省科技攻关项目；

（二）国家、省自然科学基金项目；

（三）农业部重点研究项目；

（四）农业部专项项目；

（五）农业部丰收计划项目；

（六）非教育系统回国留学人员科研资助项目；

（七）中国农业科学院各类基金项目；

（八）甘肃省科委重点项目和年度项目；

（九）各级各类星火项目；

（十）各级各类扶贫科技项目；

（十一）其他来源的科技项目。

四、课题的提出与申报，必须严肃认真，积极组织，慎重对待。

（一）在课题提出之前，研究人员应广泛查阅和收集有关资料，掌握与本课题相关的国内外研究水平、动态及已有的研究成果，提出综述报告，并根据国民经济发展需要和生产的实际情况，以及本所开展本课题研究的条件等，提出可行性论证报告。其主要内容应包括：

1. 国内外研究概况、发展趋势及本研究的目的和意义；
2. 主要研究内容和技术经济指标；
3. 拟采取的研究方法和技术路线；
4. 计划进度安排；
5. 经费预算；
6. 计划增添的仪器设备和试验条件；
7. 经济、社会及环境效益的分析和预测；
8. 科技成果水平预测和提交成果的方式；
9. 本研究预期目标和已具有的条件、拟参加的人员及其分工。

（二）科技管理处对提出的课题申请报告负有指导、监督和审查的责任，并按规定送研究所学术委员会学科组有关人员审查。

（三）对同意申报的课题，科技管理处根据不同的争取渠道，组织项目牵头人认真填写申请书或论证报告，经学术委员会主任签署意见后上报。

五、凡通过有关部门组织专家论证批准的研究课题，应按其类别和不同要求填写计划任务书。

计划任务书是整个项目从开始到结束的总体计划，应详细说明项目的目的、意义和国内外研究概况，主要研究（试验）内容和关键技术，准备工作情况和采取的主要措施，试验地点、规模和进度要求，经费预算及计划添置的主要仪器设备等。

六、凡涉及与外单位合作执行的项目，要与外单位协商具体详细的协作内容（任务）和协作合同，有涉及经费的应提出经费分配意见，征得科技管理处同意并报所领导批准后方可执行。

七、结转项目应在前一年的12月底以前编制年度设计书。年度设计书是计划项目在计划年度内试验研究工作的具体设计，应力求详细严密，内容包括本项目国内外最新动态、上年度项目进展情况、本年度主要研究内容和进度要求、经费预算、拟添置的主要仪器和设备等。

八、研究计划要保持相对的稳定性。同时，允许根据学科发展的新动向及时加以必要的调整、补充和修改。如果研究计划有较大修改时，必须报项目下达部门同意，未经批准不得随意改变。

九、科研计划的检查是推动研究工作进展、提高工作效率和质量的有效措施。科技管理处有责任对执行中的任何课题进行检查，督促课题组严格执行项目合同，按既定的内容和进度完成科研任务。检查工作分为定期和不定期两类。

（一）定期检查：每年在年中和年末各进行一次。各课题组应在每年6月20日前填报上半年计划执行情况表。11月底以前写出年度科研工作小结和年度计划执行情况表。年度科研工作小结的内容包括计划完成情况、取得的重要进展或阶段性成果、存在的困难和问题、经费开支等。各课题组同时要于当年12月20日前向科技管理处提交下年度研究计划设计书，定期检查的情况及其结果由科技管理处审查汇总上报。

（二）不定期检查：科技管理处根据上级部门或所领导安排随时对课题实施现场检查和调查，了解课题进展情况，帮助课题组解决困难，协调各方面关系。

十、逐步建立和完善科研工作评议制度。

（一）每年 12 月结合职工年度考核，由科技管理处协助所学术委员会组织召开本所全体科技人员参加的科研工作报告会，每个课题组由主持人或其委托人在会上作本年度项目研究工作总结报告，开展学术交流，并对工作做出评议。

（二）科技管理处每年将获得的阶段性成果的试验报告汇编成科学研究年报，按规定报送院科技管理局和项目下达部门。

十一、严格执行有关部门关于科技项目经费管理办法，对课题经费使用情况有责任进行监督、检查。课题使用经费，除主持人签注意见外，科研处、财务科和本所主管负责人必须同意，才能支出经费和报销。课题组实行用费账册登记管理制度。

十二、列入课题计划的研究论文，除下达科研项目的部门另有规定外，在公开发表前要经科技管理处签章同意。

十三、研究计划的实（试）验部分全部完成后，由课题组撰写出课题试验研究总结报告或论文，并将研究资料按有关规定立卷归档。对获得的成果，科技管理处按有关规定组织申请鉴定或验收。

十四、本办法经所长办公会议讨论通过，从通过之日起执行，由科技管理处负责解释。

中国农业科学院兰州畜牧与兽药研究所科研仪器设备管理办法

（农科牧药办字〔1998〕30号）

为了加强科研仪器设备的管理工作，充分发挥现有仪器设备的作用，合理购置仪器设备，为科研创造条件，根据中国农业科学院有关规定精神，结合本所实际情况，特制订本办法。

一、本所的仪器设备管理工作由行政办公室归口管理，负责本所仪器设备的计划、管理、调剂、购置、安装、调试、验收，办理入库建账、领用手续及对万元以上大型精密仪器设备进行综合使用效益检查、考核、统计以及报废处理等项工作。在业务上接受院计财局仪器设备与国有资产管理处指导。

二、本所的仪器设备实行所有权与使用权分离的原则。其所有权属研究所。行政办公室负责统筹规划，组织考核督促检查仪器设备使用情况；各研究室、课题组负责仪器设备的日常维护和使用。研究所可根据工作需要，重新调整仪器设备使用布局。

三、行政办公室根据以下三项原则编制万元以上大型仪器设备更新购置计划：

（一）优先考虑农业部新兽药工程重点开放实验室和农业部动物毛、皮质量检测中心（筹）的需要。

（二）省部级以上攻关专题科研项目的急需，确定发展的优势学科与重点学科需要。

（三）经所领导研究确定新发展学科的急需。

四、万元以上大型精密仪器设备的申请购置计划，由所需部门提出申请，需注明承担的科研项目、所需的仪器设备及用途，经所在部门负责人审核后报行政办公室汇总，行政办公室根据必要性、技术性、可行性编制计划，经所领导审核批准后报上级主管部门。

本所各部门购置的200元以上科研仪器设备、固定资产，不论其资金来源属何种渠道，都须由所在部门凭正式发票填写报账单，经办人、负责人签字后按规定办理入库登记手续，由行政办公室审核，建账、建卡后方可报账。

五、仪器设备到货后，由行政办公室及时组织验收、安装、调试，并认真做好验收、调试记录，及时填写固定资产卡片，办理入库建账手续，有关技术资料应及时立卷存档。对进口仪器设备须在到所之日起60天内完成验收、安装、调试工作。需索赔的，应在索赔期90天内与商检部门联系，出据证明，并同时到有关部门（仪器设备进口公司）办理有关索赔手续。

六、仪器设备交付使用时，必须及时建立财产账卡，不论何种原因未建账卡的须补办手续。万元以上大型仪器设备须建立使用档案，使用记录。每年年终填报“万元以上大型仪器设备使用信息表”，并同时将减少的仪器设备清册报院。对拟需报废、报损、降级使用的仪器设备，各研究室、课题组无权自行处理，必须事先提出书面报告，填写相关申请表格，由行政办公室组织有关专家、技术人员进行鉴定后方可办理。万元以上的仪器设备要报院核准。对已核准报废、调出的仪器设备，要及时做好账务处理，对报废的仪器设备凡可维修再用的要修旧利废。

七、为使科研仪器设备发挥其应有的作用，对各研究室、课题组因科研课题结束不再使用、或因其他原因闲置不用或使用不当的仪器设备，由行政办公室与有关部门协调，重新安排调剂使用。无正当理由，拒绝调剂的课题或个人，每月收取该仪器设备价值10%的占用费。万元以上大型仪器设备，凡本研究室、课题组闲置时间在一年内的，由处室内部进行调整或报所进行统一调剂。闲置时间达一年以上的，由研究所主管领导批准，在所内进行调剂或报院统一调剂，合理安排仪器设备布局。

八、农业部新兽药工程重点开放试验室、分析测试中心及各研究室所使用的大型仪器设备，实行统管通用，专管专用，大力倡导协作共用，实行有偿使用。行政办公室根据国家有关规定和兰州地区情况，制定各类仪器设备对内对外有偿服务管理办法及收费标准，并向社会开放使用，充分提高仪器设备使用效率。

九、科研仪器设备应严格管理，做到每台仪器设备有操作规程并有专人使用管理。万元以上仪器设备，每次使用须认真填写“精密仪器设备使用记录”。记录内容包括课题名称、测试内容、测试样品、数量、起始时间、仪器设备使用前后状况、使用人签字。使用过程中如仪器设备发生故障，应及时停机进行检查维修，并如实记载详细情况向行政办公室报告。

大型仪器设备的操作使用人员要经专门技术培训，经考核合格，方能上机。操作人员要熟练掌握仪器设备的性能及使用技术。分析测试人员要会使用先进的仪器设备并能运用先进的测试方法进行分析测试。

十、各部门、研究室、课题组的仪器设备管理使用人员因离退休、调离、离职、出国及在单位内工作岗位变动，须提前办理仪器设备管理使用移交手续，方可离岗。离、退休后又返聘的人员，仍需办理移交过户手续。返聘后所需用的仪器设备等公物，应由所在部门在职人员签领。凡已离退休、调离、离职、出国人员尚未办理所使用的仪器设备（含照相机、电视机、录音机、摄像机、录相机）等公有财产移交手续，由所在部门领导通知本人速办移交手续。凡逾期不办理移交手续者，由行政办公室将其使用的公有财产价格列出清单，报所主管领导批准，送交财务科，从其工资中扣除。过户移交的公有财产中应包括主机、全部辅助设备及其说明书，移交工作在行政办公室的监督下进行，手续要齐全。

十一、凡管理使用仪器设备的工作人员，因保管、使用不当，造成损坏、丢失，须及时查明原因并写出书面报告。所在部门负责人签署意见，报行政办公室，研究所视其情节轻重追究仪器设备管理使用部门领导及使用人员的责任，并由责任人承担相应的经济赔偿。

十二、本办法经1998年6月9日所务会议通过，从通过之日起施行。由行政办公室负责解释。

中国农业科学院兰州畜牧与兽药研究所中央级公益性科研院所基本科研业务费专项资金实施细则

（农科牧药办〔2007〕109号）

第一章 总 则

第一条 按照科技部《关于改进和加强中央财政科技经费管理若干意见的通知》（国办发［2006］56号）和财政部《中央级公益性科研院所基本科研业务费专项资金管理办法（试行）》（财教［2006］288号）及有关文件精神，为加强对中央级公益性科研院所基本科研业务费（以下简称基本科研业务费专项）的科学化、规范化管理，促进研究所科技持续创新能力的提升，结合《中国农业科学院兰州畜牧与兽药研究所中长期科技发展规划（2006—2020年）》和研究所学科优势，特制订本实施细则。

第二章 课题申请

第二条 基本科研业务费专项主要用于支持研究所开展符合公益职能定位，围绕研究所畜牧、兽药、兽医（中兽医）、草业等四大学科，代表学科发展方向，体现前瞻布局的自主选题研究工作。项目研究内容要求学术思想新颖，立项依据充分，设计方案科学合理，技术路线明确，符合研究所学科发展方向，为进一步申报国家级、省部级和院级重大科技项目或为研究所新产品、新技术开发奠定基础。具体包括：

（一）项目研究须围绕国民经济和社会发展需求，有重要应用前景或重大公益意义，有望取得重要突破或重大发现的孵化性研究，资助开发前景好，可取得重大经济效益的关键技术，包括新技术、新方法、新工艺以及技术完善、技术改造等研究。通过产品关键技术的研究能显著改善和提高产品的质量，增强市场竞争力，优先资助具有自主知识产权的新兽药、新疫苗、新品种选育等项目研究。

（二）项目研究须结合申请者前期研究基础，围绕研究所学科建设与学科发展规划，瞄准世界科技发展前沿，开展具有重要科学意义、学术思想新颖、交叉领域学科新生长点的创新性研究。鼓励具有创新和学科交叉领域项目的申请，重点资助前瞻性与应用潜力较大的基础性研究。优先支持具有一定前期工作基础的研究项目。

（三）基本科研业务费支持研究所人才培养、人才团队建设和优秀人才引进。

（四）基本科研业务费专项资助出版具有专业性强、学术水平高的科技著作。

第三条 研究所负责课题的指南发布、受理申请、组织评审、批准资助和课题实施管理，由所科技管理处和计划财务处具体负责。研究所根据国家科学技术发展战略，结合本所科技发展方向和学科建设，制订研究所基本科研业务费专项学科申请指南。研究所发布的指南，不排斥科研人员的其他自主选题项目。

第四条 面向全所每年组织一次基本科研业务费专项的遴选和评审。在同一受理期内，每位项目申请者只能申请 1 项。在研项目未按要求完成或没有结题的不得再次申请新课题。

第五条 申请者应当具备以下条件：

（一）恪守科学道德，学风端正，学术思想活跃，发展潜力较大。

（二）申请课题的主持人年龄须在 40 周岁及以下，能够组建以青年科技人员为主的稳定研究队伍，申请时没有承担排名前四名的国家科技计划（基金）等课题。

（三）支持引进正在国外学习和工作（含留学回国人员）、年龄在 45 岁及以下的专家学者。引进人才应当具有博士学位，引进后能明显提升研究所持续创新能力。

（四）申请者应保证有足够的时间和精力从事申请项目的研究。

第六条 申请者要按照要求认真撰写《中央级科研院所基本科研业务费专项资金申请书》（以下简称《申请书》）。

第三章　项目的评审与立项

第七条 研究所成立基本科研业务费专项学术委员会。学术委员会由科技、经济和财务管理等方面的 15 位专家组成，其中外单位专家 6 名，所科技管理处和计划财务处负责学术委员会日常工作。学术委员会负责基本科研业务费项目的评审。基本科研业务费专项资金课题申请人和其他有可能影响课题公正评审的人员实行回避制度。项目评审采取形式审查、课题申请人答辩后，经学术委员会 2/3 以上的专家投票推荐立项。

第八条 法定代表人依据学术委员会的立项意见推荐，审定批准。

第九条 课题负责人在收到课题立项通知书后，严格按照项目申请书的内容编写

《课题任务书》并提交研究所科技管理处。《课题任务书》应当包括研究目标、研究内容、时间节点、研究团队（含外协单位）、考核指标、经费预算（含总预算与年度预算）等要素，其内容一般不得变动。如确需变动，需经学术委员会审议通过，经科技管理处和计划财务处共同审核后上报研究所法定代表人，由法定代表人批准执行。课题任务书一经签定，经费使用须严格按年度预算开支。

第四章　课题组织与实施

第十条　研究所对资助项目实行动态督促检查，对项目执行中存在的问题及时协调处理。每年度对项目执行情况对照任务书进行考评，考评结果公示并与项目组个人年度考核挂钩。

第十一条　每年 12 月底前，由科技管理处和计划财务处对上年立项课题统一组织相关专家进行评估和结题验收，并不定期对课题实施情况进行检查。项目批准之后，项目负责人应履行“申请者承诺”，全面负责项目的实施，定期向科技处报告项目的执行和进展情况，如实编报项目研究工作总结等。

第十二条　凡涉及项目研究计划、研究队伍、经费使用及修改课题任务、推迟或中止课题研究等重要变动，须经学术委员会审议，报法定代表人批准。如遇有下列情况之一者，提交学术委员会研究讨论，可中止研究课题，并追回研究经费：

（一）无任何原因，不按时上报课题进展材料；

（二）经查实课题负责人有学术不端行为；

（三）不能按年度完成课题任务、达不到预期目标者。

第十三条　课题负责人因特殊原因需要更换的，由课题负责人提出申请，通过学术委员会讨论审核后，报法定代表人批准。如无合适的人选替换，按终止课题办理。

第十四条　有下列情形之一者，基本科研业务费将不予资助：

（一）申请者现承担有国家重大科研项目，且科研任务相对饱满；

（二）申请者申请的项目与现承担的项目研究内容重复；

（三）申请者具有不端科研行为，或曾经承担的项目没有按时完成研究任务；

（四）已获支持尚未结题的不能申请新项目，对以前承担的基本科研业务费项目没有完成，或完成后没有进行验收、鉴定的主持人或主要完成人。

第十五条　课题结题、验收、鉴定和报奖按研究所相关管理办法执行。项目研究形成的科技论文、专著、数据库、专利以及其他形式的成果，须注明“中央级公益性科研院所基本科研业务费专项资金（中国农业科学院兰州畜牧与兽药研究所）资助项目”。项目研究中取得的所有基础性数据、研究成果和专利等均属研究所所有。

第五章　经费使用与管理

第十六条　基本科研业务费专项纳入研究所财务统一管理，设立专账，专款专用。要严格执行财政专项资金的有关规定，严格按课题任务书确定的开支范围和标准，由计划财务处管理。

第十七条　基本科研业务费专项课题中各项费用的开支标准应严格按照国家有关科技经费管理的规定的标准执行。基本科研业务费专项主要用于以下开支：材料费、测试化验加工费、差旅费（含出差补助）、市内交通费、会议费、出版/文献/信息传播/知识产权事务费、专家咨询费、在校研究生和课题组临时聘用人员的劳务费。开支范围包括：

（一）材料费。是指在项目研究过程中发生的各种原材料、辅助材料的消耗费用。

（二）测试化验加工费。是指在项目研究过程中发生的检验、测试、化验及加工等费用。

（三）差旅费。是指在项目研究过程中开展科学实验（试验）、科学考察、业务调研、学术交流等所发生的外埠差旅费（含出差补助）及市内交通费。

（四）会议费。是指在项目研究过程中为组织学术研讨、咨询以及协调等活动而发生的会议费用。

（五）出版/文献/信息传播/知识产权事务费。是指在项目研究过程中发生的论文论著出版、文献资料检索与购置、专用软件购置、专利申请与保护的费用。

（六）专家咨询费。是指在项目研究过程中支付给临时聘请的咨询专家进行学术指导所发生的费用。参考标准：以会议形式组织的咨询，专家咨询费的开支一般参照高级专业技术职称人员500～800元/人・天、其他专业技术人员300～500元/人・天的标准执行。会期超过两天的，第三天及以后的咨询费标准参照高级专业技术职称人员300～400元/人・天、其他专业技术人员200～300元/人・天执行；以通讯形式组织的咨询，专家咨询费的开支一般参照高级专业技术职称人员60～100元/人・次、其他专业技术人员40～80元/人・次。

（七）劳务费。是项目研究过程中支付给项目组成员中没有工资性收入的相关人员和项目组临时聘用人员等的劳务性费用。标准：博士后人员按招聘时的有关标准执行；博士研究生人员800元/月；硕士研究生人员600元/月；其他临时聘用人员参照兰州市相关标准执行。

（八）基本科研业务费支出的小型设备购置费及大宗试验材料、试剂等采购由所里统采，由计划财务处负责。

（九）基本科研业务费不得开支有工资性收入的人员工资、奖金、津补贴和福利支出，不得购置大型仪器设备，不得分摊研究所公共管理和运行费用（含科研房屋占用费），不得开支罚款、捐赠、赞助、投资等。严禁以任何方式谋取私利。

项目研究过程中发生的除上述费用之外的其他支出，应当在申请时单独列示，单独核定。

（十）基本科研业务费支持的项目应当在到期两个月以内，由科技管理处负责组织学术委员会进行验收。项目负责人应当按期提交结题申请、项目总结报告和经费决算等相关材料。

第十八条 项目资助经费的管理和使用接受上级财政部门、国家审计机关的检查与监督，项目负责人应积极配合并提供有关资料。

第十九条 经费按课题计划分年度拨付。

第二十条 课题负责人应在科研和财务管理部门的管理监督下，按计划使用课题经费。于结题后的 2 个月内提交经费使用决算，完成审计。

第二十一条 对撤销或终止的课题，应及时清理账目，按要求返回已划拨的经费。

第六章 奖 惩

第二十二条 课题完成后经验收评估为优秀，在今后课题申请时可优先支持。验收评估未完成任务或不合格，2 年内不得申报新课题。

第二十三条 申报成果和发表论文要标注经费来源，获得成果和发表论文的知识产权归研究所所有。

第二十四条 奖励按研究所相关办法执行。

第七章 附 则

第二十五条 本《实施细则》如与上级有关文件不符时，以上级文件为准。

第二十六条 本《实施细则》由科技管理处和计划财务处负责解释。

第二十七条 本《实施细则》自 2007 年 5 月 11 日所务会通过之日起执行。

中国农业科学院兰州畜牧与兽药研究所动物实验房管理办法

（农科牧药科〔2008〕50号）

依据《实验动物管理条例》（中华人民共和国国家科学技术部，第2号令，1988）和《甘肃省实验动物管理条例》，为贯彻科技部、农业部和甘肃省实验动物管理相关规定，保障研究所科研、教学动物实验的正常进行，保证实验动物房科学、合理、高效地使用，特制订本办法。

第一条 中国农业科学院兰州畜牧与兽药研究所实验动物房是研究所的基础条件平台，包括SPF级标准化动物实验房和普通动物实验房，是研究所科研、教学的动物实验基地。

第二条 实验动物房的使用计划管理由科技管理处负责，日常维护委托大洼山综合试验站管理。

第三条 所属各研究部门或课题组负责人每年年初向科技管理处提供详细的动物房使用计划，包括使用时间、规模和试验设计，由科技管理处备案并统一协调安排。

第四条 进行动物试验的专家和学生必须服从管理人员的要求，严格遵守各项规定。禁止非试验、管理人员随意进入屏障环境，参观人员应在管理人员的陪同下按指定路线行走，来访人员应在指定地点会客。

第五条 在标准化动物实验房实验室做试验，研究所将收取水、电、专用服装、消毒等日常维护的部分成本费用。SPF级大、小鼠实验室100元/每间/每天，普通大实验室50元/每间/每天，普通小实验室30元/每间/每天。

第六条 所有动物实验室不得开展有高致病性病原微生物的试验。

第七条 SPF级标准化动物实验室只能做实验动物是SPF级大鼠和SPF级小鼠的试验，所有实验动物均须有实验动物来源证明书。病原微生物、同位素试验禁止在SPF区开展。该实验室进行的所有试验均遵照《SPF级实验动物管理操作规程》《屏障系统实验动物管理制度》《SPF级小白鼠饲养标准操作规程》《SPF级大白鼠饲养标准操作程序》执行。

第八条 普通动物实验室只能做实验动物是大鼠、小鼠、鸡、兔、猴、猪、羊、牛、驴、马等的试验。所有试验均遵照《普通级实验动物饲养室管理制度》执行。一类传染病源及其他禁止性的病原微生物禁止在SPF级和普通实验室试验。

第九条 试验中产生的废弃物和动物尸体须严格遵照动物防疫制度和废弃物处理有关办法管理，由动物房管理人员指导协助处理，处理过程中产生的费用由课题组承担。

第十条 实验室管理人员、使用人员须遵守《中国农业科学院兰州畜牧与兽药研究所实验动物房管理办法汇编》所制定的规章制度和操作规程。

第十一条 本办法自2008年4月29日所务会通过之日起执行。

二、人事管理办法

中国农业科学院兰州畜牧与兽药研究所工作人员年度考核实施办法

农科牧药人字〔2014〕35号

为做好工作人员年度考核工作，客观、公正、实事求是地评价工作人员的德才表现和工作业绩，根据《中国农业科学院各类人员年度考核暂行规定》，结合研究所实际，制订本办法。

一、组织领导

（一）成立由所领导、各部门主要负责人组成的研究所考核领导小组，负责全所工作人员年度考核工作。

（二）考核领导小组依据有关规定制订年度考核实施细则，组织实施工作人员年度考核，研究审定工作人员考核结果，讨论工作人员对考核结果的复议申请等。

（三）考核领导小组下设办公室，负责全所工作人员年度考核日常工作。研究所考核领导小组办公室挂靠党办人事处。

二、考核范围

（一）本所在职正式工作人员均参加年度考核。

（二）有下列情况之一者不参加年度考核：

1. 全年病假累计超过6个月的；事假累计超过3个月的；或病假、事假累计超过6个月者（产假、工伤除外）；
2. 全年旷工时间累计超过7天的；
3. 出国逾期不归的；
4. 被立案审查尚未结案的；
5. 被判处管制或刑事处罚的；
6. 不服从工作分配和聘用的；
7. 其他。

三、考核等次及数量

考核结果分为优秀、良好、合格、不合格4个等次。中层干部优秀比例不超过应考核中层干部数的30%，工作人员优秀人员比例不超过应考核人数的13%，全所优秀人员比例不超过应考核人数的15%。良好人员比例不超过应考核人数的20%。

四、考核办法

（一）部门负责人的考核结果由所领导班子考核确定。

（二）部门工作人员的考核，由党办人事处根据工作人员优秀、良好比例及部门工作人员数量，确定各部门可推荐优秀、良好名额（包括直接确定为优秀者），各部门据此推荐优秀、良好候选人，由所考核领导小组会议研究确定各层次职工考核结果。

五、几项具体规定

（一）有下列情况之一者，可以直接确定为优秀：

1. 获得国家级和省部级一等奖以上成果的第一完成人，或取得国家新品种、国家一类新兽药的第一完成人；

2. 在SCI刊物上发表论文单篇影响因子5.0以上，或者年内发表SCI论文影响因子合计10.0以上的第一作者；

3. 其他有突出贡献者。

（二）有下列情况之一者，直接确定为合格：

1. 经组织批准办理内部退养的；

2. 经组织批准脱产攻读学位的。

（三）有下列情况之一者，可以确定为不合格：

1. 受到党内警告、行政记过以上处分，未撤销处分且时间不满1年的；

2. 由于个人原因造成责任事故，给单位造成经济损失1万元以上的；

3. 违反国家法律、法规及所内规章制度，造成不良影响或被处罚的；

4. 在科研及业务工作中剽窃他人成果或弄虚作假的；

5. 有侵犯我所名誉、知识产权行为的；

6. 泄露我所商业、技术秘密，丢失技术资料档案的；

7. 无正当理由不服从组织安排工作的；

8. 全年旷工时间累计超过3天的；

9. 出国逾期不归的。

（四）有下列情况之一者，不能评为优秀等次：

1. 全年事假累计超过15天，病假累计超过30天，病事假累计20天；

2. 未按合同完成工作任务的；

3. 待岗期超过半年的；

4. 课题结题后半年无课题或无工作任务的；

5. 无理取闹、严重影响工作的。

（五）下列人员的考核按以下规定办理：

1. 新录（聘）用人员，在试用期未满期间，只参加年度考核，写出评语，不确定等次，不作为正常考核年限计算，只作为试用期满转正定级的依据。正式定级的当年按正常考核对待。

2. 调入、科技扶贫和外派人员的年度考核由所考核领导小组在征求原、现工作单位意见的基础上写出评语，确定考核等次。

3. 考核结果以文件形式通知各部门。如被考核人对考核结果有异议，在接到文件的5日内可向所考核领导小组书面申请复议。经复议后，仍维持原考核意见的，本人应当服从。

六、考核结果的使用

（一）在年度考核中被确定为优秀等次的，按下列规定办理：

1. 按照规定晋升工资；

2. 按“院技术职务评聘规范”规定，3年连续优秀优先晋升技术职务；

3. 按规定优先评定工人技术等级；

4. 优先续聘，并作为高聘的条件之一；

5. 按照研究所奖励办法给予奖励。

（二）在年度考核中被确定为良好和合格等次的，按下列规定办理：

1. 按照规定晋升工资；

2. 按照规定执行其待遇；

3. 按规定晋升技术职务；

4. 根据工作需要进行续聘。

（三）在年度考核中被确定为不合格等次的，按下列规定办理：

1. 按照有关规定不予晋升薪级工资，不晋升技术职务；

2. 扣发全部绩效工资，岗位津贴按研究所有关工资管理办法执行。

3. 解聘现任岗位，连续3次年度考核不合格者予以辞退。

本办法自2014年11月13日所务会议通过之日起执行，由党办人事处负责解释。

中国农业科学院兰州畜牧与兽药研究所实施非营利性科研机构管理体制改革方案

（农科牧药办〔2006〕23号）

根据科技部、财政部、中编办《关于农业部等九个部门所属科研机构改革方案的批复》、科技部等部门《关于非营利性科研机构管理若干意见（试行）》和农业部《关于直属科研机构管理体制改革的实施意见》，结合研究所实际，制订本方案。

一、指导思想

按照非营利性科研机构管理体制改革的要求，以“十六大”精神为指导，以转换机制为重点，紧紧抓住西部大开发战略机遇，充分发挥学科、人才和科研条件等方面的优势，优化草业、畜牧、兽医、兽药四大学科，精简机构，分流人员，实现各类资源的合理配置，增强研究所的科技创新能力、成果转化能力和综合发展能力，创建中国农业科学院西北畜牧兽医科技创新基地，为西部大开发和全国的畜牧业发展做出贡献。

二、目标和任务

（一）总体目标

立足西部，面向全国，围绕我国畜牧业生产中带有全局性、前瞻性、关键性的重大科学技术，开展基础性研究、应用研究、开发研究，加大科技成果转化与推广力度，努力把研究所建设成为全国草业、畜牧、兽医、兽药科学研究和学术交流中心，建成国内一流的畜牧兽医科学研究所。

（二）近期目标

1. 坚持以研为本，逐步建设一支高水平、高素质的科研队伍，形成具有特色的优势学科，增强研究所发展的综合实力。

2. 建设“精干、高效、统一”的管理队伍，实行按岗定酬、按任务定酬、按业绩取酬的分配激励机制，推行全员聘用合同制管理。

3. 逐步形成“开放、流动、竞争、协作”的新机制，充分调动广大干部职工的积极性和创造性，实现各类资源的优化组合和合理配置，多出成果，多出人才，多出效益。

4. 按照“三个代表”的要求，全面加强党的建设，加强社会主义精神文明和政治文明建设，不断提高干部职工的理论水平和思想觉悟。

5. 加强职代会、学术委员会等民主管理制度建设，充分发挥其监督职能和保障作用，实行重大决策的民主化、科学化。

（三）主要任务

1. 按照草业、畜牧、兽医、兽药学科发展方向，调整研究机构。通过课题联合、合作研究等多种形式，提高科学研究与技术创新能力。建立学科优化、特色明显、创新能力强、适应现代畜牧业发展的科研创新体系。全所确立 4 ~ 5 个专业学科领域。在 171 个创新编制中，设固定岗位 136 个，流动岗位 35 个。实行滚动式管理，确保科研任务明确，队伍精干。

2. 精简机构和人员。设管理部门 3 个，管理岗位数 16 个。管理岗位数控制在全所创新编制总数的 10% 以内。

3. 通过多种形式，实现国有资产保值、增值，增强研究所经济实力。

4. 物业管理实行有偿服务，建立成本核算的运行机制。

5. 全面加强党的基层组织建设，大力加强社会主义精神文明和政治文明建设，努力创建省级文明单位。

三、具体措施

（一）科技创新体系建设

1. 优化学科，调整结构。按照草业、畜牧、兽医、兽药学科设置研究室，每个研究室设固定岗位 25 ~ 30 个。

2. 实行项目负责人制度，重大项目实行首席专家负责制。项目负责人依据科研项目计划、任务、经费，通过定岗定编、竞聘上岗，组织科技人员开展工作。

3. 加强国际合作研究和科技交流，拓展横向联合研究领域，加大协作力度。

4. 通过培养、引进、招聘和在实际工作中锻炼等途径，加强科技人才队伍建设。不断改善科研工作条件，提高科技人才待遇，建立一支高水平、高素质的科技队伍。

5. 加强实验室、中试基地、试验站建设，加大科研仪器设备和基础条件的投入，不断提高科技创新能力。

6. 实行项目研究的中期评估和检查验收制度，进一步提高科学研究水平。

（二）科技创新支持体系建设

1. 建立以物业管理、技术推广为主的创新支持体系。

2. 积极开展技术推广、技术服务、技术培训等工作，面向社会开展服务。

3. 依托成果优势、技术优势、人才优势，加大科技成果转化力度。

4. 盘活国有资产，实现国有资产的最大使用效益。

5. 逐步实行后勤社会化服务。

（三）科技创新保障体系建设

1. 组织保障：

（1）按照“三个代表”的要求，进一步加强党的工作，开展创建标准党支部和“创先争优”活动，充分发挥党组织的战斗堡垒作用和党员的先锋模范作用。

（2）按照干部选拔任用条例，全面推行干部聘任制，坚持德、能、勤、绩考核标准，建设一支高水平、高素质的干部队伍。

（3）进一步完善职工代表大会、学术委员会民主管理制度，充分发挥职工代表大会和学术委员会的监督职能和保障作用，实行重大决策的民主化、科学化。

（4）进一步加强社会主义精神文明建设和政治文明建设，加强职工思想教育，活跃职工文化生活，将研究所建成省级文明单位和中国农业科学院文明单位。

2. 人事管理：

（1）实行所级干部任期目标制。研究所的负责人根据本单位的发展和规划，提出任期目标的具体内容和实施办法，经职工代表大会讨论通过后实施。

（2）中层干部和工作人员实行全员聘用制。按照岗位设置竞聘上岗，一级聘一级。建立能进能出、能上能下的用人机制。中层干部通过岗位述职、民主测评、会议决定等程序聘任；管理部门工作人员按需设岗，依据岗位职责实行岗位目标责任制；科研人员由项目负责人按课题经费和工作任务聘用；后勤和物业管理部门、开发部门按照经济指标实行目标责任制。

（3）实行技术职务评审和聘用分离。在授权的评审范围和下达的评审指标内，按照研究所定性定量评审办法推荐或评审相应的专业技术职务。按照具体承担的项目任务进行聘用，按照实际聘用的岗位享受岗位津贴和绩效奖励。

（4）建立年度考核制度。按照院、所考核办法，重点考核工作人员德、才表现和工作实绩。所级干部依据任期目标，每年在规定的范围内进行述职、考评，报院考核；中层干部依据岗位职责、部门年度任务完成情况或经济指标考核；科研人员按照项目计划执行情况，在年度检查、评价的基础上，结合个人岗位职责和工作实绩考核；管理人员按照岗位职责履行情况和工作实绩考核；服务、开发人员按照经济目标完成情况和岗位职责履行情况考核。

（5）实行中层干部轮岗制度。

（6）岗位的聘用坚持亲属回避原则。

（7）因年龄因素没有参加应聘或竞聘后低于原职务的，凡符合院规定的干部任职年限等条件者，保留原职级待遇。

（8）实行未聘待岗制度。

（9）实行内部退养。

3. 劳动分配：

坚持以按劳分配为主体、多种分配形式并存的分配原则。把按劳动分配和按生产要素分配结合起来，加大职工收入构成中津贴、奖金的比例，拉开有岗与无岗人员之间、不同岗位人员之间、相同岗位不同业绩人员之间的收入档次，做到按岗位定酬，按业绩取酬，充分调动广大职工的工作积极性。

实行基础工资、岗位津贴、绩效奖励制度。工作人员现行基本工资确定为基础工资。创新编制人员实行基础工资、岗位津贴和绩效奖励；物业管理人员按部门年度经济指标完成情况发放岗位津贴和绩效奖励；开发人员实行效益工资。

4. 经费管理

（1）原有事业费主要用于离退休职工和内部退养职工的基本生活费用。

（2）专项增加的事业费重点保证创新编制岗位人员经费和研究所行政经费开支。

（3）对后勤和物业管理部门、开发部门将通过项目与经费挂钩、添置或划拨资产等形式给予支持。

5. 改革配套制度：

《中国农业科学院兰州畜牧与兽药研究所全员聘用合同制管理办法》《中国农业科学院兰州畜牧与兽药研究所机构设置、部门职能及工作人员岗位职责编制方案》《中国农业科学院兰州畜牧与兽药研究所工作人员工资分配暂行办法》《中国农业科学院兰州畜牧与兽药研究所科研项目计划管理暂行办法》《中国农业科学院兰州畜牧与兽药研究所工作人员年度考核实施细则》《中国农业科学院兰州畜牧与兽药研究所科研经费管理暂行办法》《中国农业科学院兰州畜牧与兽药研究所科学研究基金管理办法》《中国农业科学院兰州畜牧与兽药研究所关于加强职务成果管理与转化的规定》《中国农业科学院兰州畜牧与兽药研究所科技奖励办法》《中国农业科学院兰州畜牧与兽药研究所工作人员内部退养及工资福利待遇管理办法》《中国农业科学院兰州畜牧与兽药研究所未聘待岗人员管理办法》等。根据改革工作需要，将适时修订、制订相关的改革办法。

四、本方案自所职工代表大会通过之日起执行

中国农业科学院兰州畜牧与兽药研究所首次岗位聘用实施方案

（农科牧药办〔2008〕108号）

根据《中国农业科学院关于印发〈中国农业科学院岗位设置管理暂行规定〉的通知》（农科院人［2008］316号）《中国农业科学院关于印发〈中国农业科学院管理岗位聘用暂行办法〉等三个文件的通知》（农科院人［2008］317号）《中国农业科学院关于开展专业技术岗位首次分级聘用工作的通知》（农科院人［2008］325号）精神和《中国农业科学院兰州畜牧与兽药研究所岗位设置方案》，特制订本方案。

一、组织领导

成立由所领导、职能部门负责人和有关专家组成的研究所岗位聘用委员会，负责全所人员岗位首次聘用推荐工作。所岗位聘用委员会组成如下：

主任委员：杨志强

副主任委员：刘永明

委　　员：张继瑜　杨耀光　杨振刚　赵朝忠　王学智　袁志俊

梁剑平　时永杰　阎　萍　常根柱　严作廷　高雅琴

所岗位聘用委员会下设办公室，挂靠所办公室，负责全所岗位聘用的日常工作。

二、聘用原则

岗位聘用工作坚持按需设岗、竞争上岗、按岗聘用、合同管理的原则，推动我所工作人员由身份管理向岗位管理的转变。

三、岗位类别及总量

岗位分为管理岗位、专业技术岗位和工勤技能岗位3种类别。岗位总量及结构比例按照《中国农业科学院关于岗位设置方案的批复》（农科院人［2008］324号）执行。研究所设管理岗位51个、专业技术岗位240个、工勤技能岗位43个。

（一）专业技术岗位

专业技术岗位分为科学研究、科研辅助和其他专业技术岗位3类，共13个等级。1~4级为正高级岗位，5~7级为副高级岗位，8~10级为中级岗位，11~13级为初级岗位，其中13级是员级岗位。

研究系列为中国农业科学院主体系列，最高岗位级别设置到1级，科研辅助及其他系列最高设置到4级。

（二）管理岗位

管理岗位分为为8个等级，即3～10级职员岗位，分别对应所级正职、所级副职、处级正职、处级副职、科级正职、科级副职、科员、办事员。

（三）工勤技能岗位

工勤技能岗位分为1～6级，分别对应高级技师、技师、高级工、中级工、初级工、普通工人。

四、聘用人员范围

一是研究所在编在岗的正式职工。

二是2006年7月1日后办理退休手续且符合任职条件的专业技术人员。

三是已办理岗位目标管理、待岗、内退以及长期病休等不在岗的人员，按其原职级、技能岗位等级确定相应管理、工勤技能岗位等级，专业技术人员按其专业技术职务确定最低专业技术岗位等级，不进行岗位分级聘用。

五、岗位聘用条件

岗位聘用基本条件按照《中国农业科学院岗位设置管理暂行规定》第二十九条的规定执行。

各岗位聘用的具体条件如下：

（一）管理岗位

1. 农业部党组和院党组管理的干部，按照干部管理权限任免后直接聘用到相应等级职员岗位；

2. 聘用5级职员岗位，须在6级职员岗位上工作2年以上；

3. 应聘6级职员岗位，须在7级职员岗位上工作3年以上；

4. 应聘7级职员岗位，须在8级职员岗位上工作3年以上或获得博士学位的研究生毕业试用期满考核合格；

5. 应聘8级职员岗位，须在9级职员岗位上工作3年以上或获得硕士学位的研究生毕业试用期满考核合格；

6. 应聘9级职员岗位，须在10级职员岗位上工作3年以上或大学专科、大学本科、获得第二学士学位的大学本科毕业生、研究生班毕业以及未获得硕士学位的研究生毕业试用期满考核合格；

7. 应聘10级职员岗位，高中、中专毕业生工作满1年。

（二）专业技术岗位

1. 专业技术2级岗位：连续任正高级技术职务满10年；是本专业领域的领军人才，对本学科领域的学术进步和学科发展产生了重大影响及推动作用，被国内外同行认可；近年来工作业绩突出；近5年年度考核称职及以上。

或任正高级技术职务满5年，具备下列条件之一：

（1）国家自然科学奖、技术发明奖、科技进步奖特等奖前五名完成人、一等奖前三名完成人或二等奖第一完成人；

（2）近五年发表被SCI、EI（核心版）收录论文15篇（含）以上或累计影响因子达到20（第一作者或通讯作者）；

（3）“973”首席科学家或“863”领域专家组成员；

（4）“长江学者”或国家自然科学基金杰出青年科学基金获得者；

（5）国家自然科学基金重大项目主持人；

（6）国家自然科学基金创新群体带头人；

（7）院级优秀科技创新团队的首席科学家。

或院长提名，同行公认，在科技创新、成果推广、技术应用等方面做出重大贡献者。

2. 专业技术3级岗位：任正高级专业技术职务满6年；是本学科领域的带头人，具有本学科系统的研究积累，对本学科领域的学术进步和学科发展做出了积极的贡献，作为主要负责人承担过且正在承担国家或省部级重要科技项目；近年来工作业绩突出；是研究所学科带头人；近5年年度考核称职及以上。

或任正高级专业技术职务满3年，具备下列条件之一者：

（1）获得国家科技成果奖励二等及以上的前二名完成人；

（2）获得省部级或院级科技成果奖励一等奖的第一完成人；

（3）任正高级专业技术职务以来发表被SCI、EI（核心版）收录论文10篇（含）以上或累计影响因子达到15（第一作者或通讯作者）；

（4）“973”首席科学家或“863”领域专家组成员；

（5）国家自然科学基金杰出青年科学基金获得者；

（6）国家自然科学基金重点项目或国际（地区）合作与交流重大项目主持人；

（7）“新世纪百千万人才工程”国家级人选。

或院长提名，同行公认，在科技创新、成果推广、技术应用等方面作出重大贡献者。

3. 专业技术5级岗位：任副高级专业技术职务满8年；能够紧跟本学科的国内外发展现状和动态，具有系统、坚实的理论和专业知识，作为主要负责人承担省部级及以上重要科技项目，解决科研工作中复杂且有重要意义的理论或技术问题，发表有较高学术价值的论文；工作业绩突出；近5年年度考核称职及以上。

4. 专业技术6级岗位：任副高级专业技术职务满4年；了解本学科的国内外发展

动态，具有相应的理论和专业知识，承担省部级重要科技项目和重大横向联合科技项目，发表有一定水平的学术论文；工作业绩突出；近5年年度考核称职及以上。

5. 专业技术8级岗位：任中级专业技术职务满6年，年度考核称职及以上。博士后出站工作满1年人员。

6. 专业技术九级岗位：任中级专业技术职务满3年，年度考核称职及以上。

7. 专业技术11级岗位：任研究实习员岗位职务满2年，年度考核称职及以上。硕士研究生毕业，试用期满考核合格人员。

8. 其他：博士学位研究生毕业，试用期满考核合格；或硕士学位研究生毕业，工作满3年；或硕士学位研究生毕业前工作2年及以上，毕业后工作满1年，年度考核称职及以上，可聘用为专业技术10级岗位。大学本科毕业获得学士学位，1年见习期满，可聘用为专业技术12级岗位。大专和中专毕业，1年见习期满，考核合格，可聘为专业技术13级岗位。

六、岗位聘用程序

一是应聘人员根据研究所岗位设置等级数、职责、任职条件等内容，结合自身情况申请并填写《岗位聘用申请表》；

二是办公室组织对应聘人员的资格条件进行审查；

三是所岗位聘用委员会组织竞聘，确定拟聘人员；

四是公示，一般公示期为7天；

五是签订聘用合同（一式三份，研究所与职工各执一份，另一份存个人档案）。

七、首次聘用有关规定

（一）管理岗位的聘用

1. 各部门的处长（主任）、副处长（副主任）、主任科员、副主任科员、科员、办事员等干部，按照规定的程序，依据干部任免文件，可直接对应相应等级职员进行聘任。

2. 不再担任领导职务但保留待遇的干部，可按照其所保留待遇级别确定相应职员等级。

（二）专业技术岗位的聘用

1. 专业技术二级岗位的聘用权限由中国农业科学院掌握，专业技术3级岗位首次聘用由院负责。研究所按照2、3级岗位任职条件和规定要求，在个人申请的基础上，由所岗位聘用委员会进行推荐和排序，报院评审，院评审通过后由研究所正式聘用。

2. 中国农业科学院负责对各单位党政一把手专业技术岗位的分级聘用，个人根据任职条件和要求递交岗位聘用申请，报院评审，院评审通过后由研究所正式聘用。

3. 专业技术四级及以下岗位的聘用工作，由研究所按照《中国农业科学院专业技术岗位聘用暂行办法》的规定执行。

4. 专业技术岗位首次分级聘用工作，采取分批操作和兑现待遇。第一批为2006年7月1日在岗并符合各级聘用条件的人员，第二批为2007年7月1日在岗并符合各级聘用条件的人员，第三批为2008年7月1日在岗并符合各级聘用条件的人员，其中，前两批从2007年7月1日起兑现工资，第三批从2008年7月1日起兑现工资。

5. 符合聘用范围和条件的退休人员，只限参加专业技术岗位首次分级聘用，通过评审后，按新岗位等级工资标准重新计发退休费，退休时间不变。

6. 专业技术人员的岗位分级聘用中，在任职年限相同的情况下，按照研究所专业技术岗位聘用评审办法进行评审排序，确定岗位等级。

7. 首次聘用，要保证在册的管理岗位、专业技术岗位和工勤技能岗位的正式工作人员聘入相应岗位。

8. 管理岗位和专业技术岗位的聘期一般为4年，工勤技能岗位的聘期按照国家和中国农业科学院有关规定执行。

9. 岗位聘用中的任职年限按照满年计算，从任职资格当月算起。

本实施方案中未尽事宜按照《中国农业科学院岗位设置管理暂行规定》《中国农业科学院关于印发〈中国农业科学院管理岗位聘用暂行办法〉等三个文件的通知》和《中国农业科学院关于开展专业技术岗位首次分级聘用工作的通知》中的有关规定执行。

中国农业科学院兰州畜牧与兽药研究所机构设置、部门职能与工作人员岗位职责编制方案

（农科牧药办〔2011〕31号）

为了进一步加强研究所科技创新、体制创新和管理创新，建设一支高质量、高水平的科研、管理队伍，优化学科设置，合理配置人力资源，建立“开放、流动、竞争、协作”的新机制，结合本所实际，制订本方案。

一、机构设置

全所设管理部门4个：办公室、党办人事处、科技管理处、条件建设与财务处；设研究机构5个：草业饲料研究室、畜牧研究室、中兽医（兽医）研究室、兽药研究室、基地管理处；设科技支持部门3个：后勤服务中心、房产管理处、药厂。

二、管理部门职能与工作人员岗位职责

（一）办公室

办公室是研究所综合管理部门，行使全所行政管理职能，开展业务联系和对外交流。

1．职能：研究所行政会议的组织；全所规划、总结、规章制度的起草，重大活动的计划、协调与实施；公文的承办与管理，印章管理，接待和文秘工作；保密工作；档案管理；计划生育；网络管理，对外宣传；安全生产；完成所领导交办的其他工作。

2．岗位：设主任岗位1个，副主任岗位1个，工作人员岗位3个（一级岗位），公益岗位2个（二级岗位）。

3．岗位职责：

（1）主任岗位

①主持全面工作，是办公室工作的第一责任人；

②负责重大活动的计划与实施；

③负责协调部门工作；

④完成领导交办的其他工作。

（2）副主任岗位

①负责起草工作计划、总结、规章制度；

②负责保密、安全生产和接待工作；
③协助主任负责有关工作；
④完成领导交办的其他工作。
(3) 文秘岗位（1个，一级岗位）
①会议的筹备、记录及会议决定、决议的催办、落实；
②编辑工作简报、大事记、年报等；
③办公室内勤工作；
④完成领导交办的其他工作。
(4) 档案管理岗位（1个，一级岗位）
①文件、档案管理；
②文件的内收发、传阅、催办工作；
③计划生育工作；
④完成领导交办的其他工作。
(5) 宣传、网络管理岗位（1个，一级岗位）
①对外宣传工作；
②计算机网络的管理；
③印章、介绍信、便函和传真机的管理；
④完成领导交办的其他工作。
(6) 驾驶员岗位（2个，二级，公益岗位）
①接待用车、所领导用车的使用、维修与养护；
②完成接待和领导用车任务；
③完成领导交办的其他工作。

（二）党办人事处

党办人事处是全所党务和人事劳资的管理部门。党办人事处设老干部科，负责离退休职工的日常管理工作。

1. 职能：研究所党务会议的组织；全所党务人事工作计划、总结、规章制度的起草，重大活动的计划、协调与实施；党委和党办人事处印章、介绍信、便函的管理，信访、机要工作；人事、干部管理和技术职务评聘；机构编制、劳动工资管理，职工继续教育、人才引进与管理；党的组织、宣传、纪检、监察、统战、党员教育和思想政治工作；普法工作；工会、共青团、妇女工作，精神文明建设和创新文化建设；离退休职工管理、老干部活动室日常管理工作；完成所领导交办的其他工作。

2. 岗位：设处长岗位1个，副处长岗位1个（兼老干部科科长），工作人员岗位4个（一级岗位），公益岗位1个（二级岗位）。

3. 岗位职责：
(1) 处长岗位
①主持全面工作，是党办人事处工作的第一责任人；
②起草全所党务工作计划、总结、规章制度和重大活动的计划与实施；

③负责协调部门工作；

④完成领导交办的其他工作。

（2）副处长岗位（兼老干部科科长）

①负责纪检监察和信访工作；

②负责离退休职工的学习、管理、服务工作；

③协助处长负责有关工作；

④完成领导交办的其他工作。

（3）党务管理岗位（1个，一级岗位）

①党的组织、宣传和统战工作；

②职工政治思想教育和普法工作；

③工会、共青团、妇女工作；

④精神文明建设和创新文化建设工作；

⑤党委和党办人事处印章、介绍信、便函的管理及机要工作；

⑥完成领导交办的其他工作。

（4）人事与干部管理岗位（1个，一级岗位）

①起草人事规划、总结、报告，机构、编制管理工作；

②所管干部和职工的年度考核、考察、聘任聘用、调配及奖惩工作；

③内退及待岗人员管理；

④职工继续教育、业务培训等管理工作；

⑤人事档案的收集、装订、保管、查阅；

⑥专业技术职务评聘和管理；杰出人才管理；

⑦完成领导交办的其他工作。

（5）劳动工资与社会保障岗位（1个，一级岗位）

①劳动工资计划、劳保福利、社会保险工作；

②工人队伍建设；

③职工考勤、临时工聘用及用工审核等日常工作；

④职工工资晋级和工资日常管理；

⑤完成领导交办的其他工作。

（6）老干部管理岗位（1个，一级岗位）

①组织离退休人员开展学习、参加有关会议和集体活动；

②有关文件的传阅、管理工作；

③离退休人员信息的收集、整理，离休干部信息库建设管理工作，有关报表的统计报送；

④离退休人员的生活服务工作；

⑤完成领导交办的其他工作。

（7）老干部活动室管理岗位（1个，二级，公益岗位）

①老干部活动室日常管理；

②完成领导交办的其他工作。

（三）科技管理处

科技管理处是研究所科技工作的管理部门。负责全所科技发展规划、科学研究和技术推广工作，协调研究室、课题组工作。

1. 职能：起草科技发展规划、计划、总结、科技管理制度；组织申报科技项目，实施经费管理和监督；项目的成果鉴定、检查验收与考核评估，成果申报与专利申请；研究生培养，学会、学术交流、知识产权保护、科技扶贫、技术示范、技术咨询与服务、科技开发、成果转化工作；科技合作与外事工作，出国（境）人员审查；协助有关部门做好科研仪器设备的采购和管理；完成领导交办的其他工作；

2. 岗位设处长岗位1个，副处长岗位1个，工作人员岗位3个（一级岗位），公益岗位2个（一级岗位1个，二级岗位1个）。

3. 岗位职责：

（1）处长岗位

①主持全面工作，是科技管理处工作的第一责任人；

②负责起草科技发展规划、计划、规章制度；

③主管科研计划工作；所学术委员会的日常工作；

④完成领导交办的其他工作。

（2）副处长岗位

①负责外事及外事接待工作；

②主管科技成果管理工作；

③协助处长负责有关工作；

④完成领导交办的其他工作。

（3）科研计划管理岗位（2个，一级岗位）

①负责重大科技项目的策划与科技活动，组织实施科研计划；

②组织申报各级、各类科技项目；

③科技项目年度执行情况的检查、评估和管理；

④科技合作，科技统计；

⑤完成领导交办的其他工作。

（4）科技成果管理岗位（1个，一级岗位）

①科技成果鉴定、验收，成果申报和专利申请；成果管理及有关管理制度的起草；

②科技开发与成果转化，技术咨询与服务，科技扶贫与示范基地建设；

③研究生培养与学术交流活动；

④完成领导交办的其他工作。

（5）科技信息服务岗位（2个，一级公益岗位1个，二级公益岗位1个）

①科技图书、杂志的购置、整理、装订、保管等工作；

②所内外的信息服务工作；

③图书馆、阅览室的日常管理工作；

④完成领导交办的其他工作。

(四) 条件建设与财务处

条件建设与财务处是全所计划与财务、国有资产、基本建设的管理部门。

1. 职能：实施财务监督与执行；事业费、科研费、基本建设费、实体经费和其他经费管理；财务规划、总结与管理制度制订；财务预算、决算、账表的编制与数据处理工作；各类项目的预算、决算及报表编制工作；现金及有价证券、支票、收据、发票、印签的管理；公积金管理；职工工资发放；国有资产的政府统采、日常管理，有关报表的编制等；研究所建设计划编制，建设和修购项目申报、实施以及财务管理和有关报表的编制；政府采购工作；住房制度改革工作；审计工作；水电暖等费用收费管理；完成所领导交办的其他工作。

2. 岗位：设处长岗位 1 个，副处长岗位 1 个，工作人员岗位 6 个（一级岗位）。

3. 岗位职责：

(1) 处长岗位

①主持全面工作，是条件建设与财务处工作第一责任人；

②负责全所建设和修购计划编制及项目申报、实施；

③政府采购和国有资产管理工作；

④负责审计工作；

⑤完成领导交办的其他工作。

(2) 副处长岗位

①负责全所资金运转、资金管理，实施财务内部监督，进行财务分析；编制财务预、决算；

②起草财务管理制度、工作计划、工作总结；

③财务印章的管理；

④记账凭证审核，办理有关税务事项；

⑤完成领导交办的其他工作。

(3) 事业会计岗位（1 个，一级岗位）

①协助处长编制财务预、决算，实施预算管理；

②事业费、科研费、基本建设费、公积金的管理；

③固定资产账表、代征税、财务计划与统计工作；

④原始凭证的审核、报账、编制工作；

⑤会计数据处理；

⑥用款计划编制、国库集中支付月报工作；

⑦完成领导交办的其他工作。

(4) 企业会计岗位（1 个，一级岗位）

①所内实体的财务管理与监督；

②所内实体的财务预算和管理；

③各类经济活动监控，经济合同审查；

④积极组织合法收入，盘活、管好、用好资金；

⑤代征税，购买、保管发票；

⑥完成领导交办的其他工作。

（5）出纳岗位（1个，一级岗位）

①办理现金收付和银行结算业务；

②登记现金和银行存款日记账；

③保管库存现金和各种有价证券、支票、收据、发票；

④职工工资的发放；

⑤完成领导交办的其他工作。

（6）国有资产管理岗位（1个，一级岗位）

①落实国有资产规定，管理国有资产；

②政府采购计划的编制、实施；

③住房制度改革工作；

④完成领导交办的其他工作。

（7）基本建设管理岗位（1个，一级岗位）

①基本建设和修购项目计划的编制、申报、实施；

②完成领导交办的其他工作。

（8）收费岗位（1个，一级岗位）

①本所职工住户及其他住户水、电、暖费和房屋租金收缴；

②非本所职工住户房屋管理费、治安费、环境建设费、道路养护费、卫生费等费用的收缴；

③负责房产租赁费收取、宾馆经营收入收取；

④完成领导交办的其他工作。

（9）项目建设办公室（一级公益岗位）

根据工作需要设置，由条件建设与财务处代管，职责为从事研究所基本建设和修缮购置项目实施工作。项目建设办公室系临时机构，在承担的项目任务完成后按新的岗位确定。

三、研究室设置与方向任务

按照草业、畜牧、兽医、兽药四大学科，设草业饲料研究室、畜牧研究室、中兽医（兽医）研究室、兽药研究室、基地管理处5个研究机构。

（一）方向任务

1. 草业饲料研究室：牧草新品种选育，天然草地合理有效利用与改良研究；草地生态系统和环境绿化研究；繁育基地建设，种子繁育及推广；动物营养、饲料添加剂的研究及动物饲养技术的推广。

2. 畜牧研究室（农业部动物毛皮及制品质量监督检验测试中心）：以草食动物为主的品种资源保护，新品种培育、开发、利用研究；繁育新技术研究；遗传学、分子生物学的研究；产业化生产技术研究；区域性畜禽生态系统研究。承担农业部及有关部门指定的相关产品质量监督检测；其他委托检验；实施生产许可证、质量认证、产品质量分等分级及仲裁检验；国家标准、行业标准制修订和有关标准的验证工作；地方同类质检机构技术指导和人员培训；检测新技术、新方法、新设备研究与开发。在保证完成指令性任务的前提下，积极扩大服务范围，增加收入。

3. 中兽医（兽医）研究室（甘肃省中兽药工程技术研究中心）：动物普通病、营养代谢及中毒病诊疗技术及防治方法的研究；利用现代科学技术对传统兽医学基础理论及作用机理研究；利用生物技术对动物传染病和寄生虫病的诊断和免疫预防技术研究；微生态性与环境性动物疾病的研究。

4. 兽药研究室（农业部新兽药创制重点实验室、甘肃省新兽药工程重点实验室）：新兽药及新剂型的研究；兽用抗生素的研究；天然药物的研究；兽药残留检测技术与方法研究；兽药新制剂生产工艺研究。

5. 基地管理处（农业部兰州黄土高原生态环境重点野外科学观测试验站、中国农业科学院张掖牧草及生态农业野外科学观测试验站）：黄土高原草畜生态系统结构、演替规律和功能监测，管理与生产过程监测，健康监测，安全预警体系建设，黄土高原草畜生态系统的试验、研究与示范，治理研究与示范。基地日常管理，标准化动物房管理。

（二）研究室岗位设置

1. 按照研究所《全员聘用合同制管理办法》第四条第三款规定确定研究室工作人员。

2. 研究室设主任、副主任岗位。草业饲料研究室、畜牧研究室、中兽医（兽医）研究室、兽药研究室各设主任岗位 1 个、副主任岗位 1 个；基地管理处设处长岗位 1 个、副处长岗位 1 个。

3. 畜牧研究室设质检办公室、检验室和质量保证负责人岗位，为一级岗位，专职负责本职工作，不参与课题；其余质检岗位数量根据需要设置，为二级岗位。

4. 基地管理处下辖大洼山试验基地和张掖试验基地。设大洼山试验基地工作人员岗位 13 个，张掖试验基地工作人员岗位 4 个。负责科学观测，基地的田间管理，消防、治安、绿化、设备、生产、水泵房管理，动物房管理等工作。

（三）研究室主任或副主任职责

1. 研究室主任（主持工作的副主任）主持研究室全面工作，是该研究室的第一责任人。

2. 根据本室的研究方向，提出发展规划、目标与任务。

3. 对本室的科研项目实施协调、监督、检查与管理。

4. 组织申报各级各类科研课题。

5. 基地管理处处长负责农业部兰州黄土高原生态环境重点野外科学观测试验站和大洼山基地工作，副处长负责张掖基地工作。

6. 畜牧研究室主任兼任农业部动物毛皮及制品质量监督检验测试中心常务副主任，副主任兼任农业部动物毛皮及制品质量监督检验测试中心副主任。

7. 中兽医（兽医）研究室主任兼任甘肃省中兽药工程技术研究中心常务副主任，副主任兼任甘肃省中兽药工程技术研究中心副主任。

8. 兽药研究室主任兼任农业部新兽药创制重点实验室、甘肃省新兽药工程重点实验室常务副主任，副主任兼任农业部新兽药创制重点实验室、甘肃省新兽药工程重点实验室副主任。

9. 完成所领导交办的其他工作。

四、编辑部

《中国草食动物》编辑部、《中兽医医药杂志》编辑部实行目标化管理，由科技管理处代管。两编辑部的业务独立，实行副主编对主编负责制。

（一）任务

编辑、出版、发行《中国草食动物》《中兽医医药杂志》。

（二）岗位

共设岗位 8 个。各设副主编岗位 1 个、责任编辑岗位 3 个（一级岗位）。

（三）岗位职责

1. 副主编岗位：
（1）负责期刊编辑部全面工作；
（2）制定期刊编辑出版计划，负责期刊出版发行工作；
（3）对所有稿件进行初审和终审，对清样进行全面审核；
（4）完成领导交办的其他工作。
2. 责任编辑岗位：
（1）为栏目责任编辑，对所负责栏目来稿进行初审、文字编辑及其技术处理；
（2）来稿登记；邮发零订期刊和作者稿酬；
（3）完成领导交办的其他工作。

五、科技支持部门

（一）后勤服务中心（内设保卫科）

1. 职能：负责全所水、电、暖、车辆供应；水、电、暖、车辆和房屋、道路、设施等维修、养护；环境卫生、绿化、消防、安全、保卫与综合治理。实行岗位目标化管理。

2. 岗位：设主任岗位1个，副主任岗位1个（兼保卫科科长），工作人员岗位15个，驾驶员岗位数根据车辆数量确定。

3. 岗位职责：

（1）主任岗位：

①主持全面工作，是后勤服务中心第一责任人；

②完成所领导交办的工作。

（2）副主任岗位：

①负责消防、安全、保卫和综合治理工作；

②协助主任负责有关工作；

③完成所领导交办的工作。

（3）工作人员岗位：

①设施维修养护岗位（2个）：办公和住宅房屋、道路、设施的维修养护，办公楼电梯维护使用。

②绿化卫生岗位（1个）：大院绿化美化、环境卫生工作。

③水暖电供给岗位（9个，班长岗位1个）：水、暖、电的计划与供应，设施的维修与养护；电梯的维护和保养。

④司机班班长岗位（1个）：负责全所驾驶员的安全学习教育，车辆保险的统一管理，与政府交通安全管理部门的联系，有关行车手续的办理。兼驾驶员岗位。

⑤驾驶员岗位（岗位数根据车辆数量确定）：车辆使用、维修与养护，车辆使用费的登记与收缴。

⑥保卫专干岗位（1个，按照班组长岗位系数执行）：全所门卫的监督管理，全所治安保卫的日常工作。

⑦收发岗位（1个）：全所邮件、报刊、信函收发、分送。

（二）房产管理处

1. 职能：负责研究所房产开发、房屋租赁、伏羲宾馆管理等工作。实行目标任务管理。

2. 岗位：设处长岗位1个，副处长岗位1个，部门经理岗位3个，其余工作人员岗位14个。

3. 岗位职责：

（1）处长岗位

①主持全面工作，是房产管理处第一责任人；

②完成所领导交办的其他工作。

（2）副处长岗位

①负责治安保卫工作；

②协助处长负责有关工作；

③完成所领导交办的其他工作。

（3）工作人员岗位：工作人员岗位职责、岗位津贴系数由房产管理处根据经营管理需要设置，报所领导班子审核后实行。

（三）药厂

1．任务：开展兽药新产品、新技术、新工艺的推广与开发。按产业化经营、企业化管理，组装集成所内外现有的兽药、饲料添加剂科技成果，生产兽药及其新制剂，成为研究所兽药科技成果的中试基地和产业化基地。

2．岗位：设厂长岗位1个，副厂长岗位1个。工作人员岗位数由药厂根据生产销售需要设置，报所领导班子审核后实行。

3．岗位职责：

（1）厂长（副厂长）岗位

①主持全面工作，是药厂第一责任人；

②完成领导交办的其他工作。

（2）工作人员岗位：岗位职责及岗位津贴系数由药厂根据生产销售需要设置，报所领导班子审核后实行。

六、岗位聘任条件

（一）管理部门岗位聘任条件

1．主任（处长）岗位聘任条件

（1）符合研究所《全员聘用合同制管理办法》第五条第一款“中层干部任职条件”；

（2）现任正处级职务（5级职员）或在副处级（6级职员）岗位工作2年及以上者；

（3）具有从事管理工作的组织、协调和管理能力，有较强的写作能力；

（4）办公室主任和党办人事处处长应聘者必须是中共党员；

（5）科技管理处处长应聘者须具有副高级及以上技术职称；

2．副主任（副处长）岗位聘任条件

（1）符合研究所《全员聘用合同制管理办法》第五条第一款“中层干部任职条件”；

（2）具有一定的组织、协调和管理能力；

（3）办公室副主任和党办人事处副处长应聘者必须是中共党员；

3． 工作人员岗位聘任条件

（1）符合研究所《全员聘用合同制管理办法》第五条第二款“工作人员岗位任职条件”；

（2）具有大专及以上文化程度（应聘老干部管理、老干部活动室管理、收费和项目建设办公室岗位者除外）；

（3）党务、人事与干部管理岗位应聘者必须是中共党员；

（4）预算会计、成本会计和出纳岗位应聘者须具有会计从业资格证书。

4. 编辑部岗位聘任条件

（1）副主编岗位聘任条件　具有大学及以上文化程度，副高级及以上技术职称；具有编辑工作经历，有较强的文字处理和编辑工作能力。

（2）责任编辑岗位聘任条件　具有大学及以上文化程度或中级及以上技术职称。

（二）研究室岗位聘任条件

1. 主任岗位聘任条件

（1）符合研究所《全员聘用合同制管理办法》第五条第一款“中层干部任职条件”；

（2）现任正处级职务（5 级职员）或在副处级（6 级职员）岗位工作 2 年及以上者；

（3）具有副高级及以上技术职务；

（4）主持过重大科研项目，是学术（学科）带头人；

（5）具有较强的科研管理工作组织领导和协调能力。

2. 副主任岗位聘任条件

（1）符合研究所《全员聘用合同制管理办法》第五条第一款“中层干部任职条件”；

（2）具有中级及以上技术职称；

（3）主持过科研项目；

（4）具有一定的科研管理工作组织领导和协调能力。

3. 工作人员聘用条件

（1）符合研究所《全员聘用合同制管理办法》第五条第二款“工作人员岗位任职条件”；

（2）野外观测试验站科学观测岗位应聘者须具有相应的专业知识，具有数据采集和处理能力，适应野外工作环境；

（3）质检中心质量保证负责人岗位应聘者须具有副高级及以上技术职称。

（三）科技支持部门岗位应聘条件

1. 主任（处长、厂长）岗位聘任条件

（1）符合研究所《全员聘用合同制管理办法》第五条第一款“中层干部任职条件”；

（2）现任正处级（5 级职员）职务或在副处级（6 级职员）岗位工作 2 年及以上者；

（3）具有从事后勤管理或开发经营的工作经历与能力。

2. 副主任（副处长、副厂长）岗位聘任条件

（1）符合研究所《全员聘用合同制管理办法》第五条第一款“中层干部任职条件”；

（2）具有较强的后勤管理或开发经营能力。

（3）工作人员岗位聘任条件

①符合研究所《全员聘用合同制管理办法》第五条第二款“工作人员岗位任职条件”；

②其他聘任条件按照部门设置的岗位聘任条件执行。

本方案自所职工代表大会通过之日起执行。

中国农业科学院兰州畜牧与兽药研究所全员聘用合同制管理办法

（农科牧药办〔2011〕31号）

第一章　总　则

第一条　为规范研究所全员聘用工作，根据《中国农业科学院岗位设置管理暂行规定》《中国农业科学院管理岗位聘用暂行办法》《中国农业科学院专业技术岗位聘用暂行办法》《中国农业科学院工勤技能岗位聘用暂行办法》《中国农业科学院领导干部选拔任用工作办法》《中国农业科学院兰州畜牧与兽药研究所关于实施非营利性科研机构管理体制改革方案》，制订本办法。

第二条　全员聘用制是研究所或部门与受聘人通过签订聘用合同，确立用人单位和个人的人事关系、劳资关系，明确双方责任、权利、义务的人事管理制度。

第三条　实行全员聘用制，坚持“公开、平等、竞争、择优”的原则，贯彻“德才兼备、任人唯贤”的用人标准，建立“开放、流动、竞争、协作”的新机制，实行“按需设岗、竞争上岗、择优聘用”，充分调动各类人员的积极性、创造性，提高研究所创新能力和工作效率。

第四条　根据《中国农业科学院兰州畜牧与兽药研究所机构设置、部门职能与工作人员岗位职责编制方案》设置岗位。

（一）部门设主任（处长、厂长）或副主任（副处长、副厂长）岗位。

（二）管理部门设管理岗位和公益岗位。管理岗位设领导岗位和工作人员岗位。设管理岗位24个，其中办公室5个、党办人事处6个、科技管理处5个、条件建设与财务处8个。公益岗位根据工作需要设置。

（三）研究室设科研岗位，按照课题及其经费多少确定岗位数。

1. 第一执行人（主持人）：每个课题设1人，以批准的项目计划书为依据。

2. 其他执行人：课题执行期间，年均经费在50万元以上的课题组不超过8人；20万～50万元（含50万元）的课题组不超过6人；10万～20万元（含20万元）的课题组不超过5人；5万～10万元（含10万元）的课题组不超过4人；5万元以下的项目不设岗。同一主持人主持的年均经费少于5万元的项目，经费可合并计算，合并后年均经费达到5万元以上者可设置岗位。

在研课题人员排序要保持相对稳定，一般不得任意调整。由于工作需要，课题组成员排序确需调整的，由课题主持人提出意见，该课题组全体成员签字同意，并报科技管理处审核后由所长办公会议确认，从每年的第四季度开始调整。新进入课题组工作人员排列在原课题组成员末尾。

3. 留学回所人员或申报课题计划和经费尚未下达的课题研究人员，经科技管理处报经所长办公会议同意后，列入保留岗位，保留岗位期限为一年。

（四）根据当前项目基建工作需要，暂设项目建设办公室，为公益性岗位，工作结束后按新岗位确定。

第五条 受聘人员应具备的基本条件。

（一）中层干部任职条件：

1. 具有履行职责所需要的马克思列宁主义、毛泽东思想、邓小平理论的水平，认真实践“三个代表”重要思想，能努力运用马克思主义的立场、观点、方法分析和解决实际问题，坚持科学发展观，讲学习、讲政治、讲正气；

2. 坚决执行党的基本路线、方针、政策，认真执行上级组织的各项决定。热爱农业和农业科技事业，献身农业科学研究、技术推广、管理服务事业，勤奋敬业；

3. 坚持解放思想，实事求是，与时俱进；坚持理论联系实际，开拓创新；讲实话，办实事，求实效；

4. 有强烈的事业心和政治责任感，有实践经验，有胜任领导工作的组织能力、文化水平和专业知识；

5. 正确行使职权，依法办事，廉洁自律，以身作则，艰苦奋斗，深入实际，密切联系群众，自觉接受组织和群众的监督；

6. 维护党的民主集中制，有民主作风，有全局观念，有较好的群众基础，善于集中正确意见，善于团结同志，包括团结同自己有不同意见的同志一道工作；

7. 年龄在55周岁（含55周岁）以下；

8. 提任正处级（5级职员）者年龄一般在50周岁（含50周岁）以下，在副处级（6级职员）岗位工作两年及以上；

9. 提任副处级（6级职员）者年龄一般在45周岁（含45周岁）以下，一般应担任正科级（7级职员）职务3年或具有中级技术职务4年以上；

10. 具有大学专科及以上文化程度；

11. 身体健康；

12. 任职岗位所要求的其他条件。

（二）工作人员岗位任职条件：

1. 遵守党和国家的法律、法规；

2. 具有良好的敬业精神和职业道德；

3. 具有全面履行本岗位职责的工作能力和基本条件；

4. 竞聘特殊岗位，要符合国家规定的相关条件和要求；

5. 身体健康；

6. 驾驶员岗位要求年龄在50周岁（含50周岁）以下；

7. 工人技师应聘者一般应从事符合任职条件的本工种岗位工作；

8. 聘用岗位所要求的其他条件。

（三）本条所指年龄均以2010年12月31日年龄为准。2011年到达退休年龄的职工不参加本次聘用，其岗位津贴系数按现岗位执行。

第二章　聘用程序

第六条　中层干部按照干部管理权限，在履行有关任职程序后由研究所所长聘用。工作人员由各部门主要负责人聘用。

第七条　所有应聘人员按照公布的岗位条件和资格要求，自愿申请并填写“工作岗位应聘表”。

（一）中层干部的聘任：

按照个人报名、资格审查、岗位述职、民主测评、组织考察、党委会议决定、公示的程序进行。

1. 按照中层干部任职条件，结合工作实际、专业知识和意向，应聘者填报拟应聘岗位申请书（每人可以申报两个岗位）。凡不提出申请者视为自动放弃中层干部岗位应聘资格；如果某一部门负责人岗位无申请应聘者，由所领导提名，并履行干部选拔任用有关程序，按照程序聘任。

2. 符合任职条件的应聘者在全所职工大会上做应聘岗位述职报告。

3. 在全所范围内，对申请部门主任（处长、厂长）、副主任（副处长、副厂长）岗位的应聘者进行测评。

4. 对拟聘任干部任前考察。

5. 经所党委会议研究决定，公示无异议后，按干部管理权限报批或备案后聘任。

（二）工作人员聘用：

1. 公布拟招聘的岗位名称、岗位职责、岗位数以及聘任条件。

2. 根据各部门提出的岗位职责及招聘条件，应聘人员填写工作岗位应聘表，交所人事部门。

3. 人事部门对应聘人员应聘表分类整理后，分送各招聘部门。

4. 各部门依据招聘条件，综合考核，提出拟聘用人员名单。

5. 所领导班子审查、公布聘用人选。

第三章　聘用合同

第八条　单位或部门与应聘人员签订聘用合同。聘用合同一式 3 份，聘用单位、受聘人和人事部门各持 1 份。

第九条　聘用合同应包括以下主要内容：

（一）聘用合同的有效期限。

（二）工作岗位职责、任务。

（三）工作条件和劳动保护。

（四）劳动报酬、福利和保险待遇。

（五）工作纪律和技术保密要求。

（六）聘用合同变更、解除和终止的条件。

（七）违反聘用合同的责任。

（八）双方需要明确的其他事项。

第十条　聘用合同签订后，双方必须全面履行合同规定的责任和义务，任何一方不得擅自变更合同内容。合同内容确需变更时，双方应协商一致，并按原签订程序变更合同。如果双方未达成一致意见，原合同继续有效。协商期不得超过 1 个月。

第十一条　受聘职工不与单位或部门签订聘用合同，按照《中国农业科学院兰州畜牧与兽药研究所未聘待岗人员管理办法》的有关规定执行。

第四章　聘期管理与待遇

第十二条　聘用合同的期限为 3 ~ 4 年。受聘人在聘期内实行岗位目标责任制。自聘用之日起，受聘人必须严格履行岗位职责，享受与本岗位职责相应的待遇。

第十三条　聘用单位或部门对受聘人进行年度和任期考核。考核结果作为本人续聘、解聘和职务、工资升降的重要依据。

第十四条　任期考核称职的人员，聘用期满，根据工作需要可以续聘；任期考核优秀者，应优先聘用，或根据岗位需要提职聘用；任期考核不称职者，予以缓聘或解聘。续聘时应重新签订聘用合同。续聘工作在任期满前 1 个月内进行。

第十五条　受聘人按照研究所《工作人员工资分配暂行办法》中的有关规定，享受基础工资、岗位津贴和绩效奖励。

第十六条 受聘人按照有关政策规定，参加养老、失业、医疗等社会保险，享受有关社会保险待遇和住房公积金。单位为受聘人支付规定承担的相关费用。

第十七条 在聘用期间，除学科带头人、重大课题主持人、部门主要负责人以及关键岗位的工作人员外，其他受聘人可申请解聘。

第十八条 对聘后低于原职务的或申请内部退养的处级干部，符合中国农业科学院规定的干部任职年限和年龄条件的，保留原职级待遇。

第十九条 实行中层干部交流轮岗制度。

第二十条 实行待岗制度。按照《中国农业科学院兰州畜牧与兽药研究所未聘待岗人员管理办法》中的有关规定执行。

第二十一条 实行内部退养。按照《中国农业科学院兰州畜牧与兽药研究所工作人员内部退养及工资福利待遇管理办法》中的有关规定执行。

第二十二条 有下列情形之一者，聘用单位可以随时解除聘用合同：

（一）受聘人不能履行聘用合同的。

（二）严重违反聘用单位工作纪律和规章制度，或被实行劳动教养和依法追究刑事责任的。

（三）严重失职，给单位造成重大利益损害的。

（四）旷工或无正当理由逾期不归连续超过 15 天的，或年累计超过 30 天的。

（五）受聘人年度考核不称职或任期考核不称职的。

（六）未经单位批准参加各类院校脱产学习的。

（七）因公出国逾期不归的。

第二十三条 有下列情形之一者，聘用单位可以解除聘用合同，但应当提前 30 天以书面形式通知受聘人：

（一）没有正当理由，不服从工作安排的。

（二）不遵守工作纪律，完不成工作任务的。

（三）受聘人不能胜任相应岗位工作的。

（四）聘用合同签订时依据的有关法规或客观情况发生变化，致使原岗位聘约无法履行，经与当事人协商不能就变更岗位达成协议的。

第二十四条 有下列情形之一者，聘用单位不得解除聘用合同：

（一）合同期未满，又不符合解除聘用合同规定的。

（二）因公负伤未愈的。

（三）实行计划生育的女职工在孕期、产假、哺乳期间的。

（四）法律、法规规定的其他情况。

第二十五条 有下列情形之一者，受聘人可以提出解除聘用合同，但应当提前 30 天以书面形式通知聘用单位：

（一）聘用单位未履行合同的。

（二）经聘用单位同意调动工作的。

（三）经聘用单位同意办理辞职、辞退的。

（四）经聘用单位同意，受聘人考入全日制院校的。

第二十六条 有下列情形之一者，受聘人不得解除聘用合同：

（一）在承担国家和院、所重大科研项目或重大横向委托任务期间。

（二）掌握重大科技成果关键技术和资料未脱离保密期间。

（三）在掌握重要经营销售渠道等关键岗位工作的。

（四）被审查期间或因经济问题未作结案处理之前。

第五章　违约责任

第二十七条 单位和受聘人任何一方违反聘用合同，都要承担违约责任，并付给对方违约金。违约金数额由双方在聘用合同中根据岗位情况确定。给对方造成损失的，应按实际损失承担赔偿责任。

第二十八条 受聘人系单位出资培训的，培训后必须在单位工作满五年。未满五年者，按五年的平均比例，向单位缴纳剩余服务年限的培训费，并支付违约金。

第六章　未聘人员管理

第二十九条 对未聘用的固定职工、合同制工人、农民合同制工人，其人事、工资关系及其管理按照《中国农业科学院兰州畜牧与兽药研究所未聘待岗人员管理办法》中的有关规定执行。

第七章　附　则

第三十条 本办法自职工代表大会通过之日起执行。

第三十一条 本办法由研究所人事部门负责解释。

中国农业科学院兰州畜牧与兽药研究所工作人员工资分配暂行办法

（农科牧药办〔2011〕31号）

第一章 总 则

第一条 为了充分调动广大工作人员积极性，合理配置人力资源，实行按岗定酬、按任务定酬、按业绩取酬的劳动分配制度，促进研究所各项事业的发展，根据国家非营利性科研机构管理规定，结合研究所实际，制订本办法。

第二条 遵循“按劳分配、多劳多得、效率优先、兼顾公平”的原则，建立“重业绩、重贡献、重管理，向优秀人才和关键岗位倾斜”的分配激励机制。

第三条 工作人员的工资由基础工资、岗位津贴、绩效奖励等部分组成。

第二章 基础工资

第四条 基础工资是指职工现行工资中根据职称、职务或技术等级确定的岗位工资、薪级工资和国家、甘肃省规定的各项津贴、补贴。社会聘用人员基础工资按2007年12月14日所长办公会会议纪要执行。

第五条 基础工资标准根据国家工资政策和本人职务确定。

第三章 岗位津贴

第六条 岗位津贴采用基数乘以岗位津贴系数的分配形式，实行按岗定酬。岗位津贴系数按不同工作岗位确定；基数根据研究所当年的经济状况，由所务会议讨论决定后公布执行。

第七条 管理岗位津贴系数。

（一）管理岗位津贴系数表：

序号	岗位		系数
1	所长　书记		30
2	副所长　副书记		27
3	主任、处长（含主持工作的副主任、副处长）		23
4	副主任、副处长		20
5	工作人员	一级岗位	16
		二级岗位	13

（二）公益岗位工作人员的岗位津贴系数参照管理岗位工作人员岗位津贴系数确定。

第八条 科研岗位津贴系数。

（一）科研岗位津贴系数表：

序号	岗位		系数
1	课题经费100万元（含100万元）以上项目第1执行人		30
2	课题经费50万~100万元（含50万元）项目第1执行人		27
3	课题经费30万~50万元（含30万元）以上项目第1执行人		23
4	课题经费20万~30万元（含20万元）项目第1执行人；表中第1栏项目第2执行人		20
5	课题经费10万~20万元（含10万元）项目第1执行人；表中第1栏项目第3执行人；第2栏项目第2执行人		18
6	课题经费5万~10万元（含5万元）项目第1执行人；表中第1栏项目第4执行人；第2栏项目第3执行人；第3栏项目第2执行人		17
7	基本科研业务费项目第1执行人（仅限研究部门人员）；表中第1栏项目第5执行人；第2栏项目第4执行人；第3栏项目第3执行人；第4栏项目第2执行人；		16
8	课题执行人	表中1、2、3、4、5栏第6、5、4、3、2执行人	15、14
		表中6栏、7栏执行人	13
9	质检岗位	一级岗位	17
		二级岗位	14
10	基地管理处	科学观测岗位	15
		张掖基地	14
		大洼山基地	13

（二）课题执行人的岗位设置按《中国农业科学院兰州畜牧与兽药研究所全员聘用合同制管理办法》第四条第三款规定确定，并按一级合同起止时间分别执行相应岗位津贴标准。

（三）在研课题人员排序应保持相对稳定。由于工作需要，课题组成员排序确需调整的，在每年第 3 季度前向科技管理处提出申请，由所长办公会议研究确定，调整后的岗位津贴从第四季度开始发放。新进入课题组工作人员排列在原课题组成员末尾。

（四）研究室主任、副主任在无课题 1 年期间，其岗位津贴系数按照 23、20 执行，无课题时间超过 12 个月时，按照 16 的岗位津贴系数实行保岗；当年留学回所人员及申报课题计划尚未下达的研究员在保留岗位期间，岗位津贴系数按 16 执行；其他人员在保留岗位期间，岗位津贴系数按 10 执行。保留岗位期限为 1 年。保岗期满仍未被聘用的，其工资待遇按研究所《未聘待岗人员管理办法》中的有关规定执行。

（五）编辑部副主编岗位津贴系数为 20；责任编辑岗位津贴系数为 16。

（六）新录用人员参加工作第 1 年，博士岗位津贴系数按 14 执行、硕士岗位津贴系数按 13 执行。工作满 1 年后按所聘用的岗位确定岗位津贴系数。

第九条 开发、服务、后勤管理岗位津贴系数。

（一）开发、服务、后勤管理岗位津贴系数表：

序号	岗位		系数
1	主任、处长、厂长（含主持工作的副主任、副处长、副厂长）		23
2	副主任、副处长、副厂长		20
3	部门内设负责人（经理、班长）		16
	后勤服务中心工作人员		13
4	药厂、房产管理处工作人员	药厂、房产管理处工作人员岗位津贴系数实行总额控制管理，由药厂、房产管理处参照后勤服务中心工作人员岗位津贴系数，在 13 ~ 16 的范围内制定本部门工作人员岗位津贴系数	

（二）部门内设负责人（经理、班长）由部门聘任，报所领导审查、备案。

第十条 面向社会聘用的工作人员的岗位津贴系数按照研究所《面向社会聘用工作人员实施办法》第三条第五款的规定执行，即：在研究所工作 1 年按所聘岗位津贴系数的 60% 执行（其中试用期按 30% 执行），工作 2 年按所聘岗位津贴系数的 70% 执行，工作 3 年按所聘岗位津贴系数的 80% 执行，工作 4 年按所聘岗位津贴系数的 90% 执行，工作 5 年及 5 年以上按所聘岗位津贴系数的 100% 执行。

第十一条 服务、后勤管理部门实行定额或目标管理。工作人员完成定额或目标任务书中规定的指标后发放岗位津贴，其岗位津贴从该部门收取的费用中支付；没有完成指标，按照没有完成指标的百分比依次递减后发放。

第十二条 开发部门实行经济指标管理。工作人员的基础工资、岗位津贴从该部门创收中支付。完成年度规定的指标，经考核后发放基础工资、岗位津贴；若没有完成，按照没有完成指标的百分比依次递减后发放。部门完成年度指标，工作人员工资的缺额部分以及当年到开发部门工作人员的基础工资、岗位津贴由研究所事业费负担。

第四章　绩效奖励

第十三条　绩效奖励发放坚持按绩取酬、多劳多得的原则，与每个部门、每个人的业绩和贡献紧密挂钩。

第十四条　科研人员的绩效奖励由所长办公会议讨论决定执行。

第十五条　管理（公益）服务岗位人员的绩效奖励与科研岗位人员绩效奖励挂钩，实行总量控制。

第十六条　开发（药厂、房产管理处）岗位人员的绩效奖励按年度经济目标管理合同书执行，由部门负责人按照贡献大小、工作实绩自行确定发放数额和标准。

第五章　其他津贴

第十七条　博士生导师在岗带培博士生期间，每人每月发给导师津贴600元；硕士生导师在岗带培硕士生期间，每人每月发给导师津贴300元（导师限第一导师，学生限中国农业科学院招收且在所学习实验期间），可累计。

第六章　经费渠道

第十八条　科研、管理（含公益）岗位工作人员的基础工资、岗位津贴由研究所事业费负担。导师津贴由导师经费负担。

第十九条　管理（含公益）岗位工作人员的绩效奖励，由研究所事业费负担。

第二十条　服务、后勤管理岗位工作人员的基础工资由研究所事业费负担，其余按合同规定办理。

第二十一条 开发人员的基础工资、岗位津贴、绩效奖励在规定的指标内，从部门创收经费中开支。

第二十二条 在职工作人员的公积金按比例由个人和单位分别负担。

第二十三条 研究生导师津贴由导师课题经费负担。

第七章 发放办法

第二十四条 岗位津贴的发放范围，严格控制在所核定的编制数内。

聘任干部在解聘后，从解聘的下月起按新岗位发放岗位津贴。对于首次聘任上岗的人员，其岗位津贴从聘任当月开始计发。对从现岗位重新聘任到其他岗位的人员，其当月岗位津贴按系数高的发放，从下一个月起，按新岗位系数执行。

第二十五条 课题尚未结束已无课题经费者，课题组成员岗位津贴系数按保岗系数执行。

第二十六条 科研经费以当年课题（项目）可使用经费为准，实体以当年实际收入为准。

第二十七条 有下列情况之一者，不享受岗位津贴和绩效奖励：

（一）待岗人员待岗时间超过3个月。

（二）出国人员出国期间（临时出国及出国合作研究的人员除外）。

（三）攻读学历、学位人员在脱产参加基础课学习期间。

（四）年旷工5天及以上人员。

（五）无岗位人员。

第二十八条 有下列情况之一者，减发岗位津贴和绩效奖励：

（一）病假、事假、探亲假、婚丧假和产假均按日（月按30天计算）扣发岗位津贴和绩效奖励。

（二）旷工1天扣发1个月、旷工2天扣发3个月、旷工3天扣发6个月、旷工4天扣发9个月的岗位津贴和绩效奖励。

第二十九条 各类社会保险、住房公积金按国家规定办理。

第八章 其 他

第三十条 本办法自职工代表大会通过之日起执行。研究所关于工资分配与待遇方面的规定与本办法不一致的，按本办法执行。

第三十一条 本办法由人事部门负责解释。

第三十二条 原《中国农业科学院兰州畜牧与兽药研究所工作人员工资分配暂行办法》同时废止。

中国农业科学院兰州畜牧与兽药研究所工作人员内部退养及工资福利待遇管理办法

（农科牧药办〔2011〕31号）

为了进一步落实《中国农业科学院兰州畜牧与兽药研究所关于实施非营利性科研机构管理体制改革方案》，参照《中国农业科学院机关内部退休人员工资福利待遇的暂行管理办法》，结合研究所实际，制订本办法。

一、内部退养人员的范围与条件

（一）本办法中所指的内部退养人员，系按照非营利性科研机构管理体制改革的要求，符合内部退养条件并申请内部退养的本所在职的正式职工（不含合同制职工）。

（二）凡工龄满30年或年龄满50周岁（以实际时间计算）的本所正式职工，均可申请内部退养。

（三）本人书面申请，经研究所人事办公会议研究同意，并与研究所签订内部退养协议书后，方可办理内部退养手续，并纳入内部退养人员管理。

（四）竞聘后无岗位人员按未聘待岗人员对待。

二、内部退养人员的工资及福利待遇

（一）内部退养人员在内退期间，岗位工资、薪级工资和津补贴按原标准发放。

（二）对国家或甘肃省出台的津补贴，原则上按同等在职人员的标准发放。

（三）住房公积金、医疗保险按本人在职期间的待遇和规定执行。

（四）内部退养期间，不再享受保健费和绩效奖励等。

（五）内部退养期间，可参加当年内技术职务评审，但从下年度起不能申报技术职务。

三、内部退养人员的工资调整与工龄计算

内部退养人员在内退期间，凡遵守国家法律法规和院所规章制度的，遇国家调整工资标准、正常升级时，参加在职人员的调标升级，工龄连续计算。违反者则不予调标升级，不连续计算工龄，并视情节轻重，按有关规定处理。

四、内部退养人员的社会保险待遇

内部退养人员在内退期间，研究所按规定为其缴纳单位应负担的社会保险费（包括养老、失业、医疗保险费），个人按规定缴纳个人应缴纳的部分。

五、内部退养人员的日常管理

（一）符合内部退养条件并经研究所人事办公会议研究批准办理内部退养手续的人员，由人事部门管理。

（二）内部退养人员在内退期间达到国家法定退休年龄（男 60 周岁、女干部 55 周岁、女工人 50 周岁）时，应按规定办理正常退休手续。以连续计算的工龄按比例计发退休费，并从次月起执行退休人员的各项待遇，纳入退休人员管理。

六、附则

（一）本办法自职工代表大会通过之日起执行。

（二）本办法由人事部门负责解释。

中国农业科学院兰州畜牧与兽药研究所未聘待岗人员管理办法

（农科牧药办〔2011〕31号）

为了进一步落实《中国农业科学院兰州畜牧与兽药研究所关于实施非营利性科研机构管理体制改革方案》，结合研究所改革实际，制订本办法。

一、未聘待岗人员的界定

（一）有下列情况之一者，视为未聘待岗人员：

1. 在研究所全员聘用中，由于机构变动、人员重组和竞争上岗等原因，未被部门聘用或没有明确岗位的人员。

2. 因不能履行岗位职责，被部门解聘后退回人事部门管理的人员。

3. 学习进修回所无工作岗位的人员。

4. 留学回所人员在保留岗位期满后仍无课题的人员。

5. 保留岗位期满仍无课题人员、流动择业期满仍无工作岗位人员、实施临时工作任务结束后无工作岗位的人员。

6. 因重大疾病不能正常工作、又不符合内部退养条件的人员，须持3家县级以上医院的诊断证明、近2年临床治疗病例报告，可以待岗；经研究同意后可享受有关病养人员待遇。

（二）合同制工人、农民工合同到期后如无工作岗位，按《中华人民共和国劳动法》终止其劳动合同，并将人事和工资档案转至地方有关部门管理。

（三）未聘待岗人员的确定，由所长办公会议研究，按有关程序办理。

二、未聘待岗人员的安置和管理

（一）未聘待岗人员在待岗期间，要转变思想观念，积极主动地应聘各种工作岗位。鼓励自谋职业。

（二）鼓励未聘待岗人员创办企业，承包经营实体。研究所在组建成立新的经济实体时，优先考虑或推荐未聘待岗人员。

（三）未聘待岗人员应主动、积极地参加各种业务培训，掌握多项工作技能，为及时转岗和就业创造条件。

（四）各部门需要临时工或招聘工作人员时，应优先考虑本单位的未聘待岗人员，人事部门应积极推荐符合条件的待岗人员上岗。凡能安排未聘待岗人员的工作岗位，原则上不得使用临时工和向外招聘人员。

（五）在未聘待岗期间，未聘待岗人员应严格遵守国家的法律和研究所制定的各项规章制度。违反所里规定的，视情节轻重，分别给予党纪、政纪处分、经济处罚或按自动离职处理。

（六）未聘待岗人员在待岗期间，由人事部门负责管理。

三、未聘待岗人员的待遇

（一）未聘待岗人员自公布待岗的下月起，单位给3个月的流动择业期，期间享受原工资待遇。待岗时间超过3个月，发给本人基础工资，不享受岗位津贴和绩效奖励。待岗时间超过6个月的，不参加专业技术职务评审。从第13个月起仍无工作岗位，发给本人基础工资的50%。若基础工资的50%低于当地城镇居民最低生活费标准，按最低生活费标准发放。

（二）未聘待岗人员被重新聘用到新的工作岗位后，按新的工作岗位标准核发岗位津贴和绩效奖励。

（三）未聘待岗期间，凡由个人联系借调到外单位，个人应及时缴纳留职金、住房公积金、职工失业保险金、医疗保险金等。在此前提下，可计算本人工龄，否则按自动离职处理。

（四）未聘待岗女职工的有关权益，按照国家和当地政府的规定执行。

（五）符合病养条件人员，病养期间的工资待遇仍按国务院国发（81）52号文件的有关规定执行。

四、附则

（一）本办法自职工代表大会通过之日起执行。

（二）本办法由人事部门负责解释。

中国农业科学院兰州畜牧与兽药研究所工作人员聘任聘用实施细则

（农科牧药办〔2006〕23号）

为了落实《中国农业科学院兰州畜牧与兽药研究所关于实施非营利性科研机构管理体制改革方案》和《中国农业科学院兰州畜牧与兽药研究所全员聘用合同制管理办法》，有序地组织实施和规范工作人员聘任聘用工作，明确聘用单位（部门）和受聘者双方的聘用程序、聘用条件和聘约关系，特制订本细则。

一、组织领导

研究所全员聘用工作领导小组全面负责并组织实施工作人员聘任聘用工作。下设聘任聘用工作办公室，挂靠在研究所办公室，具体负责聘任聘用日常工作。

（一）各部门主任（处长、厂长、站长）、副主任（副处长、副厂长、副站长）的招聘工作由研究所全员聘用工作领导小组组织实施，所党委会议决定聘任。

（二）各部门工作人员的聘用，在所全员聘用工作领导小组的监督和指导下，由主管所领导、部门负责人、人事部门负责人组成部门工作人员招聘小组，在纪检监察员和有关职工代表监督下，依据部门岗位设置、聘用条件，在定性定量考核的基础上，在全所范围内公开招聘，报所全员聘用工作领导小组审查同意后由部门聘用。

二、实施步骤

按照研究所《机构设置、部门职能与工作人员岗位职责编制方案》中关于科研、管理、后勤服务与物业管理、开发部门岗位设置和人员编制方案分类实施工作人员聘任聘用工作。

第一阶段：按照研究所《全员聘用合同制管理办法》（以下简称“管理办法”）和《机构设置、部门职能与工作人员岗位职责编制方案》（以下简称“编制方案”）中关于部门主任（处长、厂长、站长）、副主任（副处长、副厂长、副站长）的岗位设置和招聘条件，在全所范围内公开招聘各部门主任（处长、厂长、站长）、副主任（副处长、副厂长、副站长）。

第二阶段：按照“管理办法”第一章第四条规定，在各课题组重新申报工作人员基础上，根据课题经费数确定各课题组工作人员岗位。按照“管理办法”第二章第七条规定，公布拟招聘的管理、公益岗位的岗位名称、岗位职责、岗位数和聘任条件，在所全员聘用工作领导小组指导下，各管理部门依据定性定量考核办法公开招聘工作人员。

第三阶段：按照“编制方案”中关于后勤服务中心工作人员岗位设置和招聘条件，在所全员聘用工作领导小组指导下，由后勤服务中心工作人员招聘小组具体实施招聘工作。

第四阶段：按照“编制方案”中关于房产部、野外观测试验站（大洼山基地、张掖基地）工作人员岗位设置和招聘条件，以及药厂工作人员岗位设置和招聘条件，由3部门工作人员招聘小组组织实施本部门人员的招聘工作。

三、聘用（任）办法

（一）部门领导的聘任：依据岗位设置和任职条件，在个人申请的基础上，按照资格审查、岗位述职、民主评议、组织考察、会议决定的程序进行，并按照干部管理权限报批或备案后聘任。

1. 不符合岗位任职条件者，不能参加部门领导岗位的应聘。

2. 应聘者应提交岗位应聘申请书。凡不提交应聘申请书者，视为自动放弃部门领导岗位应聘资格。

3. 每人必须申报不同部门的两个岗位。

4. 如果某一部门的某一领导岗位无申请应聘者或只有1人应聘，不再单独招聘，由所领导提名，经职工大会评议，所党委会议讨论，按照有关程序聘任。

5. 对申报并符合条件的各部门主任（处长、厂长、站长）岗位的候选干部必须在全所职工大会上做应聘岗位述职报告，并现场对申报部门正、副负责人岗位的候选干部进行民主评议。

（二）工作人员聘用：按照公布的各部门拟招聘的岗位、岗位数、岗位职责和招聘条件，工作人员可自愿申请和竞聘符合条件的工作岗位。

1. 科研人员的聘用

（1）以课题组为基本单位，按照课题经费数额确定工作人员岗位。

（2）课题第一主持人由科技管理处报所全员聘用工作领导小组确认，由主管所领导直接聘用。

（3）课题第二主持人经所长专题会议同意后，由课题第一主持人聘用。

（4）课题执行人在本人申请的基础上，由课题第一主持人按照规定岗位的课题经费数提出拟聘用人员名单，经科技管理处审查后报所全员聘用工作领导小组确认、公布，由课题第一主持人聘用。

（5）质检中心按照部门承担的课题和检测任务，在规定的岗位设置范围内，由部门提出人员聘用意见，经所全员聘用工作领导小组同意后由本部门聘用。

（6）编辑部按照工作任务和岗位设置，由科技管理处组织和实施工作人员的招聘，经所全员聘用工作领导小组同意后由主编聘用。

2. 管理人员（含公益岗位人员）的聘用

（1）按照“编制方案”中规定的办公室、科技管理处、计划财务处工作人员岗位设置、岗位职责和聘任条件，公开招聘工作人员。

（2）应聘者必须提交应聘岗位申请书，填写工作岗位应聘表。凡不提交应聘岗位申请书、不填写岗位应聘表者，视为不参加管理岗位应聘。

（3）凡不符合岗位应聘条件者，不能参加本岗位的应聘。

（4）如果某一岗位无申请应聘者，根据聘任条件，由部门研究提名并报所全员聘用工作领导小组确定该岗位工作人员。

（5）如果某一岗位申请应聘者在 2 人及以上，必须采取定性定量相结合的考核办法从中择优聘用。

①同等条件下，现在本岗位工作人员优先（亦可采用定量评审办法）。

②同等条件下，持有本岗位工作培训证书者优先（亦可采用定量评审办法）。

③对从业岗位有特殊要求的，应聘者必须持有岗位从业资格证书参加岗位竞聘。

④对部分岗位要求应聘者具有较强的文字写作能力和语言表达能力的，必须通过适当形式进行考核选拔。

⑤应聘者能够比较熟练操作和使用计算机（现场考核、评比）。

（6）项目建设办公室工作人员的招聘，由计划财务处按照工作任务和岗位设置组织实施，经所全员聘用工作领导小组同意后聘用。

3. 后勤服务中心和房产部工作人员的聘用

（1）按照“编制方案”中规定的后勤服务中心工作人员岗位设置、岗位职责和任职条件，个人自愿报名应聘后勤服务中心工作人员岗位。

按照房产部工作人员岗位设置、岗位职责和任职条件，个人自愿申请应聘房产部工作人员岗位。

（2）应聘者必须提交应聘岗位申请书，填写工作岗位应聘表。凡不提交应聘岗位申请书、不填写岗位应聘表者，视为不参加后勤服务中心、房产部工作人员岗位应聘。

（3）对特殊工种和岗位从业要求具备从业资格证书的，应聘者必须提交从业资格证书复印件，在持有本岗位从业资格证书人员范围内招聘。

（4）同等条件下，熟悉现岗位工作人员优先，年龄轻者优先。

（5）如果某一岗位无申请应聘者，根据聘任条件，由部门招聘小组研究提名并报所全员聘用工作领导小组确定该岗位工作人员。

（6）如果某一岗位申请应聘者在 2 人及以上，必须采取定性定量相结合的考核办法从中择优聘用。

（7）凡申请应聘房产部服务员岗位者，必须与房产部签订服务员岗位责任书，否则不予聘用。

4. 野外观测试验站工作人员的聘用

（1）按照“编制方案”中野外观测试验站（基地）工作人员岗位设置、岗位职责和任职条件，个人自愿申请参加应聘。

（2）应聘者必须提交应聘岗位申请书，填写工作岗位应聘表。凡不提交应聘岗位申请书、不填写岗位应聘表者，视为不参加野外观测试验站（基地）工作人员岗位应聘。

（3）应聘者必须个人自愿申请到野外观测试验站（大洼山基地、张掖基地）工作，愿意长期在外地工作，并与试验站签订责任书。

5. 药厂工作人员的聘用

（1）按照药厂工作人员岗位设置、岗位职责和任职条件，个人自愿申请参加应聘。

（2）应聘者必须提交应聘岗位申请书，填写工作岗位应聘表。凡不提交应聘岗位申请书、不填写岗位应聘表者，视为不参加药厂工作人员岗位应聘。

（3）应聘者必须与药厂签订年度经济目标或生产任务书，否则不予聘用。

四、聘用（任）管理

（一）受聘者必须与单位或部门签订聘用合同，享受受聘岗位津贴及福利待遇。凡受聘后不与单位或部门签订聘用合同者，视为拒聘。拒聘者按无岗位人员对待。

（二）受聘者必须认真履行岗位职责，按时完成工作任务，自觉接受单位或部门的领导、检查和监督。

五、附则

（一）本细则附件有：中国农业科学院兰州畜牧与兽药研究所部门领导岗位应聘申请表；部门领导聘任合同书；部门工作人员岗位应聘申请表；部门工作人员聘用合同书。

（二）本细则是《中国农业科学院兰州畜牧与兽药研究所关于实施非营利性科研机构管理体制改革方案》等8个文件的补充，与8个文件具有同等效力。

（三）本细则经所职工代表大会通过后执行。

中国农业科学院兰州畜牧与兽药研究所职工带薪年休假办法

（农科牧药办〔2008〕20号）

第一条 为了维护职工休息休假权利，调动职工工作积极性，保障研究所科研、开发、管理服务工作正常进行，根据国家《职工带薪年休假条例》，结合研究所实际，制订本办法。

第二条 职工连续工作1年以上的，享受带薪年休假（以下简称年休假）。职工在年休假期间享受与正常工作期间相同的工资收入。

第三条 职工累计工作已满1年不满10年的，年休假5天；已满10年不满20年的，年休假10天；已满20年及以上的，年休假15天。国家法定休假日、休息日不计入年休假的假期。

第四条 职工有下列情形之一的，不享受当年的年休假：

（一）累计工作满1年不满10年的职工，请病假累计2个月以上的；

（二）累计工作满10年不满20年的职工，请病假累计3个月以上的；

（三）累计工作满20年以上的职工，请病假累计4个月以上的。

第五条 职工年休假实行按计划休假制度。由职工本人于年初提出休假计划，各部门根据年度工作部署，统筹安排本部门职工年休假，报研究所办公室审核备案。

职工应按照本部门休假计划安排的时间休假。

第六条 职工年休假天数应一次用完，不得分次使用。

职工年休假一般不跨年度安排。

研究所确因工作需要不能安排职工休年休假的，经职工本人与研究所协商同意，可以不安排职工休年休假。对职工应休未休的年休假天数，研究所按照该职工日工资收入的300%支付年休假工资报酬。

因职工本人原因未休年休假的，研究所不予补休，不支付年休假工资报酬。

第七条 本办法自所务会议通过之日起施行。原《中国农业科学院兰州畜牧与兽药研究所职工休假暂行规定》停止执行。

中国农业科学院兰州畜牧与兽药研究所职工请（休）假暂行规定

（农科牧药办字〔1998〕25号）

根据国家及省、部有关职工享受休假、探亲及病、事、婚、丧假待遇的规定，为了增强职工的组织纪律性，提高工作效率，保证各项工作的顺利进行，结合研究所具体情况，特制订本规定。

一、探亲假

探亲假是指单位按国家有关规定给予职工与其配偶、父母团聚的时间。探亲假包括法定节假日和公休日，不包括实际占用的路途时间。

（一）已婚职工探望配偶，每年1次，假期30天。夫妇双方有一方以探亲、公休等方式来兰居住累计在30天以上者，不再享受探亲假。

（二）已婚职工探望父母，每4年1次，假期20天。在单位确定的4年期限内没有探亲的，过期不补。凡职工与父亲或母亲有一方能够在公休假日团聚的，不再享受本项待遇。

（三）未婚职工探望父母，每年1次，假期20天。确因工作需要，经部门负责人批准，报人事处审核，亦可2年合并使用，假期45天。

（四）职工在规定假期内，工资及福利待遇不变。已婚职工探望配偶和未婚职工探望父母的往返路费由单位报销。已婚职工探望父母的往返路费，在本人基本工资30%以内的由本人自理，超过部分由单位报销。

（五）大中专毕业生在分配工作后的实习期，学徒、见习生在学徒期均不享受探亲假待遇，待转正定级后方可享受。6月底以前期满的享受当年探亲假，6月底以后期满的从下一年度享受探亲假。

二、事假

（一）职工因事请假。请假前须办理请假登记手续。3日内由处（室）领导批准后方可离岗；4~7日，须经处（室）领导审核，报人事处审批；8日以上，经处（室）领导签注意见后，人事处审查，所领导批准。假满上班到人事处销假，向处（室）领导报到。

（二）处（室）级干部、直属科负责人请假，一律经人事处转呈所主管领导批准。所级干部请假，由所领导互批。

（三）经批准享受事假者，3 日内（按月计算，与病假累计）不扣工资。

从第 4 天起按天按比例计扣本人月基本工资的平均数，即 30 天以内，每天扣本人月基本工资的 2%（含保健费和岗位津贴，下同），30 天以上每天扣 3%。请事假连续在 2 个月及以上者，停发请假期内全部工资。

三、病假

（一）职工因病请假。请假前应办理请假登记手续。3 日以上至 30 日内须持医院休假证明，经处（室）领导签注意见，人事处审批，假满上班到人事处销假。病假在 31 天及以上者或申请住院治疗者，本人应先写出书面请假报告，并附医院证明，经处（室）领导签注意见后，人事处审查，报所主管领导批准。病愈上班应及时到人事处销假，向处（室）领导报到。

（二）职工出差或假期期间因病异地就医，必须向人事处报告，回所后办理续假手续。

（三）病假期间的工资待遇，按国务院《关于国家机关工作人员病假期间生活待遇的规定》［国发（81）52 号］执行，即工作不满 10 年的，从病假第 3 个月起发给本人基本工资的 90%，从病假第 7 个月起，发给本人基本工资的 70%；工作满 10 年及 10 年以上的，从病假第 7 个月起，发给本人基本工资的 80%；建国前参加工作的病假期间工资照发。

（四）经批准享受病假者，3 天内（按月计算，与事假累计）不扣工资。从第 4 天起按比例计扣本人当月津贴工资（含保健费和岗位津贴），即 1 个月以内每天扣本人月津贴工资的 1%，2 个月以内扣 2%，3 个月以上按第 3 款规定执行。

四、婚、产、丧假

（一）婚假：凡男年满 25 周岁、女 23 周岁以上（或一方距晚婚年龄差 1 周岁，另一方超过晚婚年龄 2 周岁者，亦可按双方晚婚对待）结婚的职工，婚假为 1 个月；不具备上述条件者，婚假为 3 天。

（二）产假：凡晚育（女年满 24 周岁以上生育）女职工的产假为 100 天，给男方护理假 10 天；在产假期间领取《独生子女证》的，产假为 150 天，给男方护理假 15 天，虽不符合晚育条件，但在产假期间领取了《独生子女证》的，可给产假 112 天（以上假期均含法定节假日）。

（三）人工流产、引产及剖腹产均凭医院证明休假。

（四）丧假：均为 3 天。需要增加时间者，按事假手续办理。

（五）婚、产、丧假均应填写请假登记表，由本部门领导签注意见，人事处审批备案。

（六）在上述规定的假期内，除产假期间工资待遇按国家有关规定办理外，其他假期的待遇按本所有关规定办理。

五、自学考试复习假

凡经所批准参加有关高（中）等自学考试、职称资格考试的非脱产学习的职工，考前可享受复习假2周，全年内不得超过2次。假期期间一切待遇不变。

六、休假

（一）所级或具有高级专业技术职务或在本年度内工龄满25年（含取得大专以上证书的学龄，下同）的职工，每年休假14天；处级或具有中级专业技术职务或工龄满15年而不足25年的职工，每年休假12天；其他职工每年休假10天。

（二）正式在职职工（不含学徒、见习生）享受休假假期，不包括法定节假日和双休日。假期一般不跨年度使用，如因工作需要经本部门领导批准后可以延迟到下一年度使用，但不能再行延迟。

（三）按有关规定享受探亲假待遇的职工，可将当年休假假期与探亲假合并使用。

（四）本年度内事假累计20天以上或病假累计30天以上者，或已安排休养以及其他原因休息时间超过可享受的休假假期者，均不再享受休假。

（五）因工作需要，所在部门领导同意，加班工作每次超过6小时以上（必须在考勤表或考勤卡上注明）者，可允许换休1天。

（六）因公长期出差（30天以上）在外误休节假日，返所后填写请假单补休出差期间节假日的天数，最多不超过1周。

（七）休假须填请假登记表，由本部门领导签注意见，人事处审批备案。

（八）休假期间工资照发，各种福利待遇不变。

七、几项规定

（一）严格请假的登记、审批、销假制度。凡申请享受各种假的职工都必须亲自事前办理请假手续，经批准后方可离岗。除急、重病患者外（含产假），不得由他人代为请假。假满后应及时向本部门和人事处进行销假。

（二）职工假满后不能上班者，必须在假满前办理续假手续，否则按无故超假做为旷工论处。

（三）有以下情况之一者，均按旷工论处：

无故不上班者；虽有请假条但未经批准而又不上班者；超假（指各种假）而事先未办理续假审批手续者；因病无县级以上医院证明又未批准而不上班者；或虽有证明但与病情不符者；或长期有病又不办理请假手续者；或事先不请假又不上班，事后才开医院证明者；工作调动（含毕业生分配）超过报到时间者；打架斗殴又不上班者。

（四）对长期旷工，屡教不改者，根据有关规定给以必要的纪律处分。累计旷工超过3个月者，按自动离职处理。

（五）每月旷工 1 天，按比例计扣本人当月工资总额的 5%；旷工 2 天，每天扣 10%；旷工 3 ~4 天，每天扣 15%；旷工 5 天以上，每天扣 20% 并向全所通报。

（六）除公休假可以顶替病、事假外，其他假不能相互顶替，更不能顶旷工。

（七）各类假期均不能分段使用。

（八）凡涉及年度考核、工资提档、职务提升、职称评聘、医疗制度改革及房改的，均按上级规定办理。

八、附则

（一）按照《中国农业科学院兰州畜牧与兽药研究所职工上下班考勤实施办法》，实行按日考勤，逐月汇总、分类、依据有关规定提出扣罚意见，经所主管领导审批，人事处执行。

（二）本规定依据国务院《关于职工探亲待遇的规定》［国发（81）36 号］、甘肃省人民政府《甘肃省执行国务院关于职工探亲待遇的规定的实施细则》［甘政发（82）20 号］，农业部《关于职工休假有关问题的通知》［（91）农人函字 50 号］和甘政发（82）105 号等文件精神制定。

（三）本规定从 1997 月 1 月 1 日起执行，由人事处负责解释。

中国农业科学院兰州畜牧与兽药研究所关于执行职工退（离）休制度的实施细则

（农科牧药办字〔1998〕25号）

为贯彻执行国家关于职工退（离）休制度和《中国农业科学院关于严格执行职工退离休制度的实施细则》，结合研究所具体情况，特制订本实施细则。

一、职工到达法定退（离）休年龄（男60周岁、女干部55周岁，女工人50周岁）时，不需要本人申请，由人事部门提前1个月通知其本人（除批准延长退（离）休者外），均于到龄的当月内办理完有关退（离）休手续。

二、按国家及院里的有关规定，对于符合延长退（离）休时间、提高退休费比例申请提高待遇的副所级、副高级技术职务以上人员退（离）休，一律报院人事局审批。

三、凡连续工龄满30周年或距离法定退（离）休年龄不满5年的职工，因健康原因难以坚持正常工作或长期无工作岗位的，本人自愿并写出书面申请，经组织批准，可以提前办理正式退（离）休手续。

四、从到龄当月的下一个月起，凡经批准退（离）休的职工，均执行国家退（离）休人员工资政策，由人事部门按照有关政策核定退（离）休费，并将工资转入退（离）休人员名册。

五、通知退（离）休的职工，必须于到龄的当月移交工作，清退个人使用的公有财物、资料、图书、档案等，并到人事处正式办理退（离）休手续。凡不移交工作，不办理财、物、资料、档案等清退手续，无移交清单者，人事处将通知财务科暂停发放本人的退（离）休工资。

六、退（离）休以后的3个月内仍不办理有关财、物、资料、档案、图书等移交手续者，人事处将通知有关部门对本人工作期间借用的公有财、物等进行清退或折价处理给本人；对占用的公房将根据实际占用的面积，按照有关房屋出租计费规定计算房租，财务科将从本人退（离）休费中逐月扣除。

七、对研究项目尚未结题的具有副高级以上技术职务的课题主持人，办理正式退（离）休手续之后，由于工作需要，所在课题组申请，研究室同意，经所长办公会议研究批准，方可返聘。其返聘期间的返聘费从所在课题经费中支付。

八、本细则与上级有关退（离）休制度同并执行。

九、本细则从1997年3月21日起执行，由人事处负责解释。

中国农业科学院兰州畜牧与兽药研究所博士后工作管理办法

农科牧药人字〔2014〕27号

第一章　总　则

第一条　为了规范和加强博士后管理工作，促进研究所博士后工作健康发展，根据《中国农业科学院博士后工作管理办法》和《中国农业科学院博士后工作补充规定》等文件精神，结合研究所实际，特制订本办法。

第二条　博士后管理工作坚持"公开、平等、竞争、择优"的原则，注重提高质量，不断扩大规模，健全完善制度，以保证科技创新工作的需要。

第二章　管理机构

第三条　研究所成立博士后工作领导小组，由所领导、党办人事处和科技管理处负责人、2~3名专家组成，主要负责研究所博士后的招收、在站管理、考核及出站等工作。

第四条　成立考核专家组（由5~9人组成，其中至少1名院外同行专家），负责审定招收博士后的研究课题，指导、检查、考核博士后人员的学术、科研工作。

第五条　党办人事处负责博士后的日常管理工作，科技管理处、条件建设与财务处和后勤服务中心等部门配合做好有关管理和服务工作。

第三章 博士后招收

第六条 招收博士后的合作导师资格。

（一）在国内本学科领域内具有一定影响和学术地位，并主持国家级科研项目或课题的在岗博士生导师；

（二）科研经费充足，有条件为博士后提供必要的经费支持。

第七条 合作导师职责。

（一）确定博士后研究计划，商定博士后研究课题，审查其开题报告，并制定科研目标、任务和考核指标；

（二）定期检查指导博士后科研工作，确保博士后顺利完成研究课题，并取得预期的研究成果；

（三）审核博士后各类科研基金的申请；

（四）配合人事部门做好博士后的各类考核工作；

（五）做好博士后的日常管理，关心博士后生活。

第八条 博士后申请资格。

（一）具有博士学位，热爱农业科研事业，具有科研创新能力和团队协作精神；

（二）品学兼优，身体健康，年龄一般在40周岁以下；

（三）在职人员申请博士后必须全脱产；

（四）在中国农业科学院获得博士学位人员不得在中国农业科学院同一个一级学科从事博士后研究工作。

（五）须在近3年内以第一作者发表SCI、EI、CPCI~S、SSCI或CSSCI收录学术研究论文1篇，或在中文核心期刊发表学术研究论文2篇。

第九条 博士后进站程序。

（一）招收计划。每年9月底前，确定各合作导师下一年度博士后招收计划。

（二）公布计划。党办人事处于每年10月底前向中国农业科学院博管会办公室报送下一年度博士后招收计划，经中国农业科学院博管会批准后统一公布。

（三）个人申请。申请人根据公布的博士后招收信息，向研究所提交申请材料和个人简历。研究所全年受理博士后进站申请。

（四）研究所考核。博士后工作领导小组对拟进站博士后采取报告与答辩的方式进行考核，主要对申请进站者的思想品质、科研能力、学术水平、科研成果、研修计划、综合素质等进行考核，确定拟招收人员。

（五）网上审核。拟招收人员于每季度第2个月的月底前，通过中国博士后网提交相关进站材料，由党办人事处进行网上审核。

（六）院博管办审核。党办人事处进行网上审核后，将相关材料于每季度末月10日前上报中国农业科学院博管会办公室。中国农业科学院博管办公室审核通过后，发放录用通知书。

（七）进站。申请人通过中国博士后网进行预约并到人社部博士后管理部门办理审批手续后，持录用通知书到研究所报到，并与研究所签订《中国农业科学院博士后工作协议书》。

第十条 申请进站需提交的材料。

（一）《博士后申请表》；

（二）《中国农业科学院博士后进站申请表》；

（三）两封专家推荐信（须含本人的博士导师推荐信一份）；

（四）《博士后科研流动站设站单位学术部门考核意见表》；

（五）《博士后进站审核表》；

（六）博士学位复印件或博士论文答辩决议书（须加盖博士毕业学校研究生院学位办公章）；

（七）《中国农业科学院博士后工作协议书》；

（八）体检表（县级以上医院）；

（九）由申请者所在单位组织人事部门出具的政审鉴定材料；

（十）身份证复印件；

（十一）留学归国人员须提交我驻外使馆教育处提供的证明信；

（十二）在职博士后应提交所在单位同意其脱产从事博士后研究工作的证明材料。

第四章　在站管理

第十一条 博士后进站两周内，须与研究所签订《博士后工作协议书》，并报中国农业科学院博管会办公室备案。进站半年内，持答辩决议书进站的博士后须将本人博士学位证书或《国外学历学位认证书》（在境外获得博士学位的博士后，由教育部留学服务中心开具）提交党办人事处审核。未取得相应证书的，按退站处理。

第十二条 博士后纳入研究所人事管理。博士后在站工作期间，计算工龄，不占研究所编制。

第十三条 博士后进站时，研究所负责统分博士后的人事档案调入和管理。为在职博士后建立博士后期间档案。为进站的应届博士毕业生办理专业技术职务初聘手续（初聘时间可从进站之日起计算）。符合高级专业技术职务申报条件的统分博士后，在离站前可参加中国农业科学院高级专业技术职务任职资格评审，评审条件严格按照在职人员标准执行。

第十四条 统分博士后进站报到后，纳入中国农业科学院博士后专户管理。

第十五条 博士后在站期间，不能申请到国外做博士后研究和进修。根据研究项目需要，研究所可安排其出国参加国际学术会议或进行短期学术交流，也可以短期出国进行合作研究和实验工作，时间一般不超过 3 个月。学术交流结束后，应按期回所，并将护照交党办人事处管理，逾期不交者，于次月起停发工资、各项津贴和奖金。

第十六条 博士后进站 1 年后，组织考核专家组对其进行中期考核。由博士后本人填写《博士后人员中期考核表》，并向专家组汇报个人科研工作进展情况和下一步工作计划。专家组依据《博士后工作协议书》规定，对博士后研究人员 1 年来科研工作的进展、敬业精神、科研能力及存在的问题等方面进行考察评估。

第十七条 研究所对统分博士后、人事档案关系转入研究所的在职博士后进行年度考核，考核合格后办理工资晋档手续。

第十八条 博士后在站期间，须服从研究所管理，遵守各项规章制度，参加政治学习和业务活动。党、团员应参加党、团的组织生活。

第五章　出站与退站

第十九条 申请出站须满足的条件。

博士后申请出站除须完成《博士后工作协议书》上的要求外，还须在博士后研究期间满足下列条件之一：

（一）以第一作者（共同第一作者需排名第一）或唯一通讯：作者，以我所为第一单位发表（或录用）累计影响因子 2.0 以上的 SCI、EI、SSCI 源刊物的学术论文；或以共同第一作者中的第二作者，以我所为第一单位发表（或录用）累计影响因子 5.0 以上的 SCI、EI、SSCI 源刊物的学术论文；

（二）以我所为完成单位，获得省部级科技奖励三等奖以上（国家级一等奖完成人、国家级二等奖及省部级一等奖的前 10 名完成人、省部级二等奖的前 8 名完成人、省部级三等奖的前 5 名完成人，以一级证书为准）；

（三）以研究所作为专利权人，获得国家发明专利 2 项以上（排名前 2 名）；

（四）以第一作者出版本学科创新性专著 1 部以上，或提出重大政策建议（报告）1 项以上（有部级及以上领导具体批示）；

（五）从事技术创新工作，通过成果转让为研究所创造直接经济效益达到 50 万元（以财务部门证明为准）。

第二十条 出站考核。

（一）博士后工作期满，须向研究所提交博士后出站申请和在站期间工作总结等书面材料；

（二）研究所组织考核专家组进行出站考核；

（三）博士后作出站报告，汇报自己的工作情况，介绍已取得的主要科研成果；

（四）评审小组根据《博士后工作协议》以及博士后出站条件，对博士后在站期间的科研工作、个人表现等进行考核评定。考核结果分为优秀、合格、不合格三个等次，满足博士后出站标准中任意一项，可认定为“合格”，否则认定为“不合格”，按退站处理，不予发放博士后证书。

第二十一条 出站考核合格的博士后，向研究所提交相关材料，由研究所审核无误后报送中国农业科学院博管会办公室审核。

第二十二条 博士后出站需提交材料。

（一）《博士后研究人员工作期满登记表》；

（二）《博士后研究人员工作期满业务考核表》；

（三）《博士后研究人员工作期满审批表》；

（四）《博士后期满出站科研工作评审表》；

（五）《博士后研究报告》；

（六）《中国博士后科学基金资助金项目总结报告》；

（七）《用人单位接收函》；

（八）《离站手续清单》。

第二十三条 中国农业科学院博管会办公室审核无误后，发放《博士后证书》，博士后持《博士后证书》和相关材料到人社部博士后管理部门办理出站手续。博士后工作期满出站，除有协议的以外，其就业实行双向选择、自主择业。

第二十四条 博士后在站期间，因个人原因不适宜继续做博士后研究工作，或申请不继续做博士后研究工作的，根据合作导师要求或本人申请并经研究所同意，由中国农业科学院博管会办公室审核并报人社部博士后管理部门批准后办理退站手续。

第二十五条 博士后在站期间，有下列情形之一的，应予退站。

（一）考核不合格的；

（二）在学术上弄虚作假，影响恶劣的；

（三）受警告以上行政处分的；

（四）无故旷工连续 15 天或 1 年内累计旷工 30 天以上的；

（五）因患病等原因难以完成研究任务的；

（六）未经同意出国逾期不归超过 30 天的；

（七）其他情况应予退站的。

第二十六条 退站人员不再享受国家对期满出站博士后规定的相关政策，其户口和档案一律迁回生源地。

第二十七条 在站时间规定。

（一）博士后在站工作时间为 2 年，一般不超过 3 年。承担国家重大项目，获得国家自然科学基金、国家社会科学基金等国家基金资助项目或中国博士后科学基金特别资助项目的博士后，可根据项目和课题研究的需要适当延长在站时间。延期期限为 6 个月，申请延期次数最多 2 次。

（二）如需延长在站时间的博士后，须由本人提交延期申请，经研究所同意后，报中国农业科学院博管会审批。

（三）到期未申请延期、延期未得到批准或延期到期的博士后，应及时办理出站或退站手续。逾期 1 个月不办理者，按自动退站处理。

第二十八条 若博士后提前完成了研究工作并达到了出站要求，经本人申请，合作导师同意，所博士后工作领导小组审核，院博管办批准，可以提前出站，但在站工作期限应不少于 21 个月。

博士后本人须提前 1 个月将《提前出站申请报告》提交所党办人事处，由党办人事处开具《提前出站情况说明》后，连同博士后本人的《提前出站申请报告》一并报院博管办审批。经院博管办批准提前出站的博士后，超过批准时间 1 个月仍未出站的，按自动退站处理。

第六章 附 则

第二十九条 本办法由党办人事处负责解释。

第三十条 本办法自 2014 年 6 月 25 日所务会议通过之日起执行。如与院博士后管理办法不相符，按照院最新办法执行。

中国农业科学院兰州畜牧与兽药研究所编外用工管理办法

（农科牧药办〔2014〕62号）

为了加强对所属各部门（含课题组，下同）编外用工的管理，有序、规范、合法地使用编外人员，有效完成各项临时性、辅助性工作，根据《劳动合同法》《中国农业科学院编外聘用人员管理办法》的规定，结合研究所实际，制订本办法。

一、用工范围

（一）开发经营部门生产、经营岗位用工；

（二）公益管理服务岗位用工，包括：卫生、绿化、治安保卫岗位用工，试验基地（野外台站）生产、管理岗位用工，驾驶员岗位用工；

（三）课题研究中相关辅助工作用工；

（四）季节性、完成一定工作任务用工，如：取暖期供暖等工作岗位用工；

（五）经批准的其他临时任务用工。

二、用工条件

（一）聘用的编外人员必须品行端正、遵纪守法，身体健康，能胜任应聘岗位的工作；

（二）符合各相关岗位聘用规定并经考核合格者；

（三）特殊岗位需持有上岗资格证。

三、用工管理

（一）用工方式：编外用工主要采用劳务派遣、部门聘用、工作任务承包的形式。

（二）用工计划：

1. 用工实行年度计划管理。

2. 各用工部门根据工作需要提出用工计划和用工方式，明确用工岗位及相应的用工数量，经研究所审核同意后，按照计划确定的用工岗位、数量用工。

3. 用工计划每半年审核一次。

4. 任何部门不得自行招用编外人员，不得超计划用工。

（三）用工管理：

1. 用工实行合同管理。公益管理服务岗位、课题研究辅助任务用工以劳务派遣形式使用编外用工的，由研究所人事部门与劳务派遣公司签订劳务派遣协议。开发经营部门以劳务派遣形式使用编外用工的，由部门与劳务派遣公司签订劳务派遣协议。

2. 编外用工日常管理由用工部门负责。

3. 用工部门要根据工作实际，制定本部门包括工作岗位、岗位职责、工作时间、劳动纪律、业绩考核、奖惩制度等内容的用工管理制度，并以书面形式告知编外人员。

4. 用工部门要提供必要的劳动保护条件，加强对编外人员的安全生产教育和管理，做到安全作业。

5. 用工部门要对编外人员按日进行考勤。

6. 对工作中不积极主动，不能完成工作任务者和不遵守用工部门用工管理规定的编外人员，用工部门可在具有确切依据的情况下，提出辞退意见，由聘任部门按照程序办理辞退手续。

四、用工待遇

（一）工资：

1. 各部门用工的工资标准，根据工作岗位和任务量，参照有关单位相同或相近编外用工岗位的工资标准拟定，但不得低于兰州市最低工资标准。各部门应严格按照批准的用工工资标准执行，不得自行调整。

2. 公益管理服务岗位、课题研究辅助任务用工，由用工部门（课题组）于每月底将编外人员的考勤结果及工资报表报人事部门，由人事部门汇总并经所领导审核后向劳务派遣公司支付编外人员工资。

开发经营部门用工由部门根据考勤结果编制工资表，经主管所领导审核后向劳务派遣公司支付编外人员工资。

（二）社会保险：

1. 研究所各用工部门，按照规定为编外人员办理社会保险，并缴纳相应的保险费用。

2. 保险费个人承担部分由编外人员个人负责缴纳。编外人员个人不购买社会保险的，由本人提出书面申请。

（三）经费渠道：

1. 生产经营岗位用工的工资、社会保险费、劳务派遣管理费等从部门收入中开支。

2. 课题研究辅助用工的工资、社会保险费、劳务派遣管理费从课题劳务费预算中开支。

3. 公益管理服务岗位用工的工资、社会保险费、劳务派遣管理费从研究所事业费中开支。

五、附则

本办法自 2014 年 9 月 4 日所务会议讨论通过之日起执行。

中国农业科学院兰州畜牧与兽药研究所关于聘用人员聘用期间“三保一金”计算办法的通知

（农科牧药办〔2004〕42号）

根据《兰州畜牧与兽药研究所面向社会聘用工作人员实施办法》中关于聘用人员聘用期间工资待遇的有关规定，为了进一步明确聘用人员聘期“三保一金”享受范围和计算办法，经研究决定，聘用人员聘用期间的医疗保险、失业保险、养老保险和住房公积金的缴费基数以本人基础工资为准。

中国农业科学院兰州畜牧与兽药研究所
工作人员再教育管理暂行办法

（农科牧药人〔2002〕15号）

为合理开发人力资源，切实加强我所人才队伍建设，根据研究所实际，制订本办法。

一、工作人员再教育是指职工个人为提高工作能力和业务水平，采取不脱岗形式参加的理论、技能等方面的学习和学位教育（不包括研究所职工年度继续教育培训计划）。

二、积极鼓励工作人员在不影响岗位工作的情况下，利用业余时间申请参加再教育学习，并取得高一级学历或学位。

三、申请再教育的人员必须符合以下条件：

（一）年度考核为合格以上；

（二）根据学科发展及有关项目实施，由课题组提名。

四、学习期间的一切费用全部自理。

五、对于接受再教育后在工作中表现突出，做出成绩的人员，单位经过考评后给予适当的奖励。

六、职工个人要求以脱岗形式参加各类学习和学位教育的，应按研究所《工作人员岗位目标管理实施细则》规定办理。否则，需在离所前30日由个人申请办理辞职手续，不办理手续私自脱岗学习的按自动离职处理。

七、本办法自2002年3月8日起执行，由人事处负责解释。在此之前已批准攻读学位的人员仍按《中国农业科学院兰州畜牧与兽药研究所在职人员进修学习和攻读学位管理实施细则》执行。

中国农业科学院兰州畜牧与兽药研究所面向社会聘用工作人员实施办法

(农科牧药办〔2004〕21号)

根据人事部《关于加快推进事业单位人事制度改革的若干意见》和农业部《关于直属科研机构管理体制改革的实施意见》,并结合研究所《关于实施非营利性科研机构管理体制改革方案》及配套办法,特制订本办法。

一、受聘人员条件

(一)遵守党和国家的法律法规;
(二)具有良好的敬业精神和职业道德;
(三)具有全面履行应聘岗位职责的工作能力和基本条件;
(四)具有大学本科学历或中级技术职务的技术人员;
(五)具有大专及以上学历且有相应岗位从业资格证书的技术人员;
(六)年龄35岁以下(含35岁);
(七)身体健康。

二、聘用程序

(一)招聘工作由办公室负责。每年年初各部门根据岗位空缺情况提出当年拟聘用人员计划,经办公室审核后,提交所人事办公会议研究,决定当年拟聘用人员的专业、学历及名额。

(二)办公室与用人部门共同对符合条件的应聘人员进行考核、筛选,提交所人事办公会议审定。

(三)通过所人事办公会议审定的应聘人员,由办公室派专人负责并带领拟聘人员在兰州市县级以上医院进行身体检查。

(四)体检合格(无传染性疾病、器质性疾病等)的应聘人员,与研究所签订3~6个月的劳动试用合同。

(五)应聘人员试用期满,经考核达到了试用合同中所规定的有关要求,经所人事办公会议研究同意,研究所与其签订劳动聘用合同。部分岗位应聘人员在签订劳动聘用合同时应缴纳一定数量的保证金。

三、劳动聘用合同内容

（一）聘用期限：

1. 研究所与应聘人员初次签订劳动聘用合同（简称初聘），合同期为 1 年（初聘合同期限包含试用合同期限）；

2. 劳动聘用合同期满，合同自行终止。因工作需要，在双方完全同意的条件下，可以续签聘用合同。合同期最长不得超过 3 年。

（二）聘用人员管理：

1. 在聘用期内，聘用人员的个人人事档案、工资关系、粮户关系、技术职务评审、养老保险、医疗保险、失业保险及住房公积金等委托甘肃省人才交流中心人事代理部管理，管理费由研究所缴纳；党团关系，经由甘肃省人才交流中心人事代理部转至研究所管理；

2. 研究所建立聘用人员在研究所工作档案；

3. 聘用人员在研究所工作期间接受研究所管理。工作期间可以申请加入党、团组织和工会组织。

（三）聘用人员所龄：

1. 聘用人员自与研究所签订劳动试用合同起计算所龄。来研究所前的工龄只作为档案工龄记入个人人事档案。

2. 聘用人员在研究所工作期间，在享受福利待遇、计发生活补助费等事务中计算工龄时，只计算所龄，不计算来研究所之前的工作时间。

3. 所龄连续计算办法

（1）聘用合同连续签订，即上一合同结束后立即与研究所签订下一合同的；

（2）上一合同结束后，6 个月以内（含 6 个月）又与研究所签订了下一合同的；

（3）上一合同结束，6 个月以后又与研究所签订下一合同的，计算所龄时，扣除未在研究所应聘时间，将实际在研究所工作时间合并计算。

（四）聘用人员年度与任期考核：

1. 聘用人员试用期内不参加年度考核。从正式聘用的下月起参加当年的年度考核。

2. 聘用人员任期考核办法同固定正式职工。

（五）聘用人员待遇：

1. 聘用人员在受聘期间，与研究所固定正式职工享有同等的工作、参加民主管理、获得政治荣誉和物质奖励、晋升专业技术职务和工人技术职务等级的权利。

研究所不解决聘用人员配偶及子女的工作、学习和住房等问题。

2. 工资待遇：

（1）工资组成

聘用人员的工资由基础工资、岗位工资和绩效工资三部分组成。

基础工资参照国家工资政策规定，根据受聘人员的学历、技术职务，按照研究所制定的工资标准执行。基础工资标准见附件。

岗位工资按照《中国农业科学院兰州畜牧与兽药研究所工作人员工资分配暂行办法》中设定的岗位工资系数，根据聘用人员本人所应聘的工作岗位，按所龄（以周年计算）分年限分比例执行，即在研究所工作 1 年按 60% 执行（其中试用期按 30% 执行），工作 2 年按 70% 执行，工作 3 年按 80% 执行，工作 4 年按 90% 执行，工作 5 年及 5 年以上按 100% 执行。对年度考核连续 2 年优秀或对研究所做出重大贡献者，经所人事办公会议研究，可提高岗位工资执行比例。

绩效工资按照《中国农业科学院兰州畜牧与兽药研究所工作人员工资分配暂行办法》中设定的绩效工资系数，在年度考核合格的基础上报研究所同意备案后由聘用部门自行发放。

（2）工资发放渠道

课题组新进人员原则上为硕士及以上学历者，如确需按本办法第一条的条件聘用课题组成员，其聘用人员的全部工资及福利费用由聘用课题支付。

管理、开发和物业服务管理岗位（含农业部动物毛皮及制品质量监督检验测试中心）聘用的人员，其各种经费开支渠道按《中国农业科学院兰州畜牧与兽药研究所工作人员工资分配暂行办法》中的有关规定执行。

3. 福利待遇

（1）按照国家有关政策规定，研究所按固定正式职工同等缴费标准，为聘用人员缴纳研究所应该负担的养老保险、医疗保险、失业保险及住房公积金，个人负担的部分由个人缴纳。

（2）取暖费、各种福利的发放与研究所固定正式职工享受同等待遇。

4. 假期

（1）在试用期内，不享受婚假及探亲假；在聘用期内，享受与研究所固定正式职工同等待遇的公休假、探亲假、婚假、产假，并报销有关费用。

（2）事假

聘用人员事假每次不得超过 3 天，半年内累计不得超过 10 天（特殊情况经研究所同意外）。

（3）患病或非因公负伤在合同期内的医疗期限、病假工资同固定正式职工。

（六）聘用人员学习培训：

1. 继续教育：

（1）在研究所连续工作满 2 年且符合报考研究生条件的聘用人员，经研究所同意方可报考研究所研究生，或申请在职攻读硕士学位，其聘用合同不解除。

（2）聘用人员在聘期内经本人申请，研究所同意报考其他院校并被录取的，在接到录取通知书后，应及时办理离所手续，聘用合同终止。

2. 培训：聘用人员在聘（试）期内，未经研究所同意，不得利用工作时间参加任何类型的培训学习，对擅自利用工作时间参加培训学习者，按旷工处理。

（七）聘用人员技术职务评聘、等级考核晋升：

1. 聘用人员专业技术职务任职资格申请评审渠道：

（1）可申请研究所中级技术职务评审委员会具有评审权的初级、中级技术职务和推荐相关高级技术职务评审委员会评审副高级及以上专业技术职务任职资格。

（2）可申请甘肃省人才交流中心人事代理部进行技术职务的评审。

（3）凡属国家已明确规定必须统考的专业，则必须参加国家执业资格考试。

2. 聘用人员技术等级考核：聘用人员的技术等级考核管理同研究所固定正式职工。

3. 取得专业技术职务任职资格或技术等级证书人员的聘任和待遇：聘用人员取得了相应专业技术职务任职资格或技术等级证书后，可申请研究所聘任相应专业技术职务。聘任申请经研究所人事办公会议审核通过后，由所长聘任。

四、劳动聘用合同的解除和终止

（一）聘用人员在聘期内有下列行为之一的，聘用合同自行解除：

1. 被劳动教养或被判刑的；

2. 旷工或无正当理由逾期不归的；

3. 未经研究所同意报考高等院校并被录取者；

4. 未经研究所同意参加各类脱产学习和培训者；

5. 严重失职、渎职或违法乱纪，对单位利益造成重大损害的；

6. 年度考核不合格的。

（二）聘用人员在聘期内有下列行为之一的，单位可以解除合同：

1. 不能履行合同的；

2. 患病或非因公负伤，康复后不能坚持正常工作的；

3. 聘用合同签订后，签订合同时所依据的客观情况发生重大变化，致使原合同无法履行和变更的；

4. 聘用单位被撤消的；

5. 违反操作规程，损坏设备、工具，浪费原材料、能源，造成经济损失1万元以上的（含1万元）。

（三）聘用人员在聘期内有下列情况之一者，单位不得解除或终止聘用合同

1. 聘期未满，又不具备本条第（一）、（二）款行为的；

2. 妇女在孕期、产期、哺乳期；

3. 因工负伤，完全丧失工作能力的；

4. 国家另有规定的。

（四）研究所在聘期内有下列行为之一的，聘用人员可以解除或终止聘用合同：

1. 研究所不能履行聘用合同的；

2. 经研究所同意考入普通高等、中等学校，或应征入伍，或招考为公务员的；

3. 经本人申请，研究所同意终止合同的；

4. 经研究所同意被聘用到其他单位工作的。

（五）聘用人员在聘期内须经所人事办公会议批准方可解除或终止聘用合同的：

1. 在研究所关键岗位的主要负责人和主要生产技术骨干；

2. 由研究所出资培训的人员。

未经研究所同意的，不得擅自离开现工作岗位，否则按违约处理。

（六）解除或终止劳动聘用合同程序

1. 除合同自行解除外，在合同期内，合同的任何一方要求解除或终止聘用合同时，都必须提前 30 日通知对方；

2. 办公室在收到聘用人员解除或终止聘用合同申请 10 个工作日内，必须提交所人事办公会议研究。在收到申请 20 个工作日内给申请人做出明确答复，否则视为同意；

3. 聘用人员在接到办公室同意解除或终止聘用合同的书面通知后 5 个工作日内，必须办理完所有离职手续；

4. 办公室在解除或终止聘用合同送达后 20 工作日内，必须为其办理完按规定应支付的一次性补偿金的领取手续；

5. 若对研究所解除或终止劳动聘用合同事由持有异议者，可提请劳动仲裁部门仲裁。

（七）聘用人员解除或终止聘用合同的经济补偿和违约责任

1. 符合本条第（一）款者，研究所不发放一次性补偿金；

2. 符合本条第（二）、（四）、（五）款者，研究所按照聘用人员本人在研究所工作年限发给一次性补偿金，工作每满 1 年发给相当于本人 1 个月的基础工资的一次性补偿金，最多不超过 12 个月；工作未满 1 年的，按 1 年计发；

3. 符合本条第（五）款第 2 项者，研究所应收取培训费补偿金。培训费补偿金收取标准为：按培训后回所服务工作年限，以每年递减培训费 20% 的比例计算；

4. 任何一方违反聘用合同，都要承担违约责任。违约要付给对方违约金。违约金的数额由双方在聘用合同中商定。一方给对方造成损失的，还应按实际损失承担相应责任。

（八）聘用人员在解除或终止聘用合同时，在规定时间内不办理完离所手续的，不发放一次性补偿金。

五、附则

（一）各部门、各课题组聘用的临时工、季节工等不适用本办法。

（二）本办法自所务会议通过之日起执行。原《中国农业科学院兰州畜牧与兽药研究所聘用应届毕业生和专业技术人员实施办法》同时废止。

中国农业科学院兰州畜牧与兽药研究所社会聘用人员基础工资标准

单位：元/月

学历、职务	基础工资
大学本科毕业生	580.00
大学专科毕业生	520.00
中级职称（含技师）	680.00
研实员、助理实验师等相当技术职务	580.00
技术员、实验员等相当技术职务	500.00
高级工	580.00
中级工	520.00

中国农业科学院兰州畜牧与兽药研究所
工作人员聘用合同

聘用单位（甲方）：中国农业科学院兰州畜牧与兽药研究所

受聘人　（乙方）：

（身份证号：　　　　　　　　　　　　）

为确立双方的聘用关系，明确双方的责任、权利和义务，根据《中国农业科学院兰州畜牧与兽药研究所面向社会聘用工作人员实施办法》和国家有关政策规定，经甲乙双方协商一致，同意签订本聘用合同。

第一条：合同期限

本合同自　年　月　日起，　　年　月　日止，共　年。其中试用期自　年　月　日起，　　年　月　日止，共　月。

第二条：工作内容及要求

（一）甲方安排乙方在　　　　岗位从事　　　　工作，担任　　　　职务。

（二）乙方必须按照甲方岗位工作要求，按时完成工作任务（如指令性工作任务、日常性工作任务、临时性工作任务）。

第三条：乙方管理

（一）在聘用期内，乙方的个人人事档案、工资关系、粮户关系、技术职务评审、养老保险、医疗保险、失业保险及住房公积金等委托甘肃省人才交流中心人事代理部管理，管理费由甲方缴纳；党团关系，经由甘肃省人才交流中心人事代理部转至甲方管理。

（二）甲方建立乙方在所工作档案。

（三）乙方在甲方工作期间接受甲方管理。工作期间可以申请加入党、团组织和工会组织。

（四）乙方从正式聘用的下月起参加甲方当年的年度考核。

（五）乙方必须遵纪守法，严格遵守甲方的各项规章制度。

第四条：工资

乙方的工资由基础工资、岗位工资和绩效工资三部分组成。

基础工资参照国家工资政策规定，根据乙方的学历、技术职务，按照研究所制定的工资标准执行，即　　元/月。

岗位工资按照《中国农业科学院兰州畜牧与兽药研究所面向社会聘用工作人员实施办法》中的规定执行，即按照乙方所应聘岗位的岗位工资系数的　%执行。

绩效工资按照乙方应聘岗位的绩效工资系数，在年度考核合格的基础上由聘用部门发放。

第五条：工作条件和福利待遇

（一）聘用期内（试用期除外），乙方享受与甲方固定正式职工同等待遇的公休假、探亲假、婚假、产假，并报销有关费用。甲方不解决乙方配偶及子女的工作、学习和住房等问题。

（二）乙方事假每次不得超过 3 天，半年内累计不得超过 10 天（特殊情况经甲方同意外）。

（三）乙方患病或非因公负伤在合同期内的医疗期限、病假工资同甲方固定正式职工。

（四）乙方在受聘期间，与甲方固定正式职工享有同等的工作、参加民主管理、获得政治荣誉和物质奖励、晋升专业技术职务和工人技术职务等级的权利。

（五）甲方按照与固定正式职工同等的缴费标准，为乙方缴纳甲方应该负担的养老保险、医疗保险、失业保险及住房公积金，个人负担的部分由乙方缴纳。

（六）各种福利的发放与甲方固定正式职工享受同等待遇。

第六条：继续教育及技术职务评聘

（一）继续教育

1. 乙方在甲方连续工作满两年且符合报考研究生条件的，经甲方同意可申请在职攻读硕士学位。

2. 乙方在聘（试用）期内，未经甲方同意，不得利用工作时间参加任何类型的培训学习，对擅自利用工作时间参加培训学习者，按旷工处理。

（二）技术职务评聘

1. 乙方可申请甲方中级技术职务评审委员会具有评审权的初级、中级技术职务评审和推荐相关高级技术职务评审委员会评审副高级及以上专业技术职务任职资格。亦可申请甘肃省人才交流中心人事代理部技术职务的评审。

2. 乙方取得了相应专业技术职务任职资格或技术等级证书后，可申请甲方聘任相应专业技术职务。

第七条：合同的解除和终止

（一）乙方在聘期内有下列行为之一的，聘用合同自行解除：

1. 被劳动教养或被判刑的；

2. 旷工或无正当理由逾期不归的；

3. 未经甲方同意报考高等院校并被录取者；

4. 未经甲方同意参加各类脱产学习和培训者；

5. 严重失职、渎职或违法乱纪，对单位利益造成重大损害的；

6. 年度考核不合格的。

（二）乙方在聘期内有下列行为之一的，甲方可以解除合同：

1. 不能履行合同的；

2. 患病或非因公负伤，医疗期满后不能坚持正常工作的；

3. 聘用合同签订后，签订合同时所依据的客观情况发生重大变化，致使原合同无法履行和变更的；

4. 聘用单位被撤消的；

5. 违反操作规程，损坏设备、工具，浪费原材料、能源，造成经济损失 1 万元以上的（含 1 万元）。

（三）乙方在聘期内有下列情况之一者，甲方不得解除或终止聘用合同：

1. 聘期未满，又不具备本条第（一）、（二）款行为的；

2. 妇女在孕期、产期、哺乳期；

3. 因工负伤，完全丧失工作能力的；

4. 国家另有规定的。

（四）聘期内甲方有下列行为之一的，乙方可以解除或终止聘用合同：

1. 甲方不能履行聘用合同的；

2. 经甲方同意考入普通高等、中等学校，或应征入伍，或招考为公务员的；

3. 经本人申请，甲方同意终止合同的；

4. 经研究所同意被聘用到其他单位工作的。

（五）聘用人员在聘期内须经所人事办公会议批准方可解除或终止聘用合同的：

1. 在研究所关键岗位的主要负责人和主要生产技术骨干；

2. 由研究所出资培训的人员。

未经研究所同意的，不得擅自离开现工作岗位，否则按违约处理。

（六）解除或终止劳动聘用合同程序

1. 除合同自行解除外，在合同期内，合同的任何一方要求解除或终止聘用合同时，都必须提前 30 日通知对方；

2. 办公室在收到聘用人员解除或终止聘用合同申请 10 个工作日内，必须提交所人事办公会议研究。在收到申请 20 个工作日内给申请人做出明确答复，否则视为同意；

3. 聘用人员在接到办公室同意解除或终止聘用合同的书面通知后 5 个工作日内，必须办理完所有离职手续；

4. 办公室在解除或终止聘用合同送达后 20 工作日内，必须为其办理完按规定应支付的一次性补偿金的领取手续；

5. 若对研究所解除或终止劳动聘用合同事由持有异议者，可提请劳动仲裁部门仲裁。

（七）聘用人员解除或终止聘用合同的经济补偿和违约责任

1. 符合本条第（一）款者，研究所不发放一次性补偿金；

2. 符合本条第（二）、（四）、（五）款者，研究所按照聘用人员本人在研究所工作年限发给一次性补偿金，工作每满 1 年发给相当于本人 1 个月的基础工资的一次性补偿金，最多不超过 12 个月；工作未满 1 年的，按 1 年计发；

3. 符合本条第（五）款第 2 项者，研究所应收取培训费补偿金。培训费补偿金收取标准为：按培训后回所服务工作年限，以每年递减培训费 20% 的比例计算；

4. 任何一方违反聘用合同，都要承担违约责任。违约要付给对方违约金。违约金的数额由双方在聘用合同中商定。一方给对方造成损失的，还应按实际损失承担相应责任。

（八）聘用人员在解除或终止聘用合同时，在规定时间内不办理完离所手续的，不发放一次性补偿金。

会议纪要

（农科牧药纪要［2007］10号）

2007年12月14日上午，杨志强所长主持召开所长办公会议，研究并决定如下事项：

调整我所面向社会聘用人员基础工资标准。调整后的基础工资参照《2006年甘肃省事业单位工作人员收入分配制度改革实施意见》（甘政办发［2006］148号）文件规定的工资结构，由岗位工资和薪级工资两部分组成，大学本科、专科毕业生比照新参加工作人员工资标准设定岗位和薪级工资；中级职称、初级职称、员级、高级工和初级工均比照同等人员设定岗位工资，按起点薪级设定薪级工资（具体标准见附表）。基础工资实行正常调整机制，调整方式为对年度考核合格以上人员每年晋升一级薪级工资。

面向社会聘用人员基础工资标准表 单位：元/月

学历、职务	原基础工资标准	新基础工资标准			
		薪级	标准	岗位工资	合计
大学本科毕业生	580	7	151	590	741
大学专科毕业生	520	5	125	550	675
中级职称（含技师）	680	9	181	680	861
研究实习员、助理实验师及相当职务	580	5	125	590	715
技术员、实验员及相当职务	500	1	80	550	630
高级工	580	14	232	615	847
中级工	520	8	148	575	723

参加会议的有：刘永明　杨耀光　杨振刚　赵朝忠　袁志俊　王学智

中国农业科学院兰州畜牧与兽药研究所职工上下班考勤暂行规定

（农科牧药办〔2005〕59号）

为进一步加强研究所职工的组织纪律性，保障正常的工作秩序，结合职工上下班考勤工作实际，制订本考勤规定。

一、考勤方式及时间

（一）上下班考勤采用电脑指纹打卡的方式进行。职工每天上下班时到指定的地点打卡。

（二）全所职工必须按规定时间上下班，即上午8：30～12：00，下午14：30～18：00。

（三）打卡时间：

上午：8：20～8：50（8：40以前为正点，之后为迟到）

11：50～12：20（11：50以后为正点，之前为早退）

下午：14：20～14：50（14：40以前为正点，之后为迟到）

17：50～18：20（17：50以后为正点，之前为早退）

（四）超过上述打卡时间，不得再行打卡。

二、考勤的范围

（一）凡在职职工（除下述第二款规定的人员外）均应参加打卡考勤。

（二）后勤服务中心所属电工房工作人员、司机，办公室收发人员、司机，药厂新兽药门市部工作人员暂不参加打卡考勤。锅炉班工作人员于每年4月至9月参加打卡考勤，10月至翌年3月不参加打卡考勤。房产部自行组织考勤，于每月初将上月考勤表报办公室。

三、几项规定

（一）上班时间，凡离所（无论因公或因私）人员，均应提前向部门负责人请假，填写离所通知单，经课题主持人和部门负责人签字并转交办公室后，方可离开。

（二）请病假、事假按照研究所《职工请（休）假暂行规定》和《工作人员工资分配暂行办法》的规定减发基础工资、岗位工资和绩效工资。

（三）对迟到和早退者实行经济扣罚，每迟到、早退 1 次扣其当天岗位工资的 50%。

（四）凡不打卡、也不履行请假手续、上班时间外出而无离所通知单的均视为旷工。旷工半天者扣发半月岗位工资及绩效工资；旷工 1 天扣发当月岗位工资及绩效工资，并扣发当月基础工资的 5%；旷工 2 天扣发 3 个月岗位工资及绩效工资，并扣发当月基础工资的 10%；旷工 3 天扣发六个月岗位工资及绩效工资，并扣发当月基础工资的 15%；旷工 4 天扣发 9 个月岗位工资及绩效工资，并扣发当月基础工资的 20%；旷工 5 天扣发全年岗位工资及绩效工资，并扣发当月全部基础工资。

（五）对加班的科研人员，经课题主持人、部门负责人、科技处负责人、分管所领导签字后，交办公室备案，可以调换休假。其他部门的加班人员，经部门负责人、分管所领导签字后，交办公室备案，可以调换休假。

（六）办公室将对职工的出勤情况进行不定期抽查，凡抽查发现无离所通知单或出差审批表而离开工作岗位的、本办法第二条规定不打卡人员应上班而不在岗的，均按照旷工处理。

（七）凡故意损害打卡机者，应按原价赔偿，拒不赔偿者，从其工资中扣除。

（八）本办法自所务会议通过之日起执行，由办公室负责解释。

中国农业科学院兰州畜牧与兽药研究所会议考勤办法

（农科牧药办〔2007〕108号）

为了保证研究所各类会议能够按时、正常召开，严肃会议纪律，提高会议效率，制订本办法。

一、本办法适用的会议范围是所务会议、所务扩大会议、所长办公会议、干部会议、理论学习中心组会议。上述会议中临时通知召开的会议除外。

二、接到会议通知的人员，必须按照会议的通知时间准时参加会议，不得无故不参加会议，不得迟到、早退。

三、接到会议通知后，确因工作等原因不能参加会议或不能准时参加会议者，应于会议开始前以书面形式向会议主持人请假。在会议结束之前因工作等原因需要提前离开会场者，应向会议主持人请假，征得同意后方可离开。

四、会议采用签到的形式记考勤，由参加会议者现场在记录本上签到。在会议开始之后到达会场者为迟到；在会议结束之前离开会场者为早退。

五、对无故不参加会议和迟到、早退者，按照研究所有关管理制度，在年度干部奖励分配中实行一次性经济扣罚。具体标准为：无故不参加会议者，每次扣100元，迟到、早退者每次扣50元。对不参加会议和迟到、早退次数累计计算后，年终从本人应享受的干部奖励中扣取相应金额。

六、本办法从2008年1月1日起执行。

三、行政和后勤管理办法

中国农业科学院兰州畜牧与兽药研究所政务公开实施方案

为加强科学决策和民主管理，完善所务公开制度，改进工作作风，推进行政权力运行程序化和公开透明，切实强化对行政权力的监督制约，提高管理服务水平，促进学习型、服务型、创新型研究所建设，根据开放办所、民主办所宗旨，结合研究所实际，制订政务公开实施方案：

一、总体要求

要以邓小平理论、“三个代表”重要思想和科学发展观为指导，坚持以人为本、执政为民，坚持围绕中心、服务大局，按照深化科技体制改革的要求，转变工作作风，推进研究所权利运行程序化和公开透明；按照公开为原则、不公开为例外的要求，公开干部职工普遍关心、涉及职工群众切身利益的信息；按照便民便利的要求，进一步改进政务服务，提高行政效能，为我所干部职工提供优质便捷高效服务，激励、调动广大科研人员和管理人员积极性，推动研究所科技创新工作迈上新台阶。

二、政务公开的原则

充分发挥广大干部职工在开放办所、民主办所的主体作用，创造条件保障干部职工更好地了解和监督研究所各项工作，坚持保障干部职工的知情权和监督权，加大推进政务公开，把公开透明的要求贯穿于政务服务各个环节，以公开促进政务服务水平的提高。

（一）发扬民主，广泛参与。进一步提高职工对全所事务的参与度，拓宽职工意见表达渠道，充分营造民主讨论、民主监督环境，调动广大干部职工干事创业和建言献策的积极性。

（二）依法依纪，积极稳妥。坚持自上而下的指导和自下而上的探索相结合；先易后难、循序渐进，逐步扩大公开范围。除涉及党和国家秘密等依照规定不宜公开或不能公开的外，都应逐步向职工公开。

（三）分类指导，规范科学。确定相应的公开内容和方式，规范共性、突出个性，提高政务公开的针对性和有效性。公开内容要真实、具体，公开程序要规范、严谨，并保证政务公开的时效性和经常性。

（四）统筹兼顾，改革创新。把政务公开与党务公开、办事公开等有机结合起来，统筹谋划、整合资源，相互促进、协调运转。积极适应开放办所、民主办所的新要求，不断完善公开制度，丰富公开内容，创新公开形式，积极探索职工发挥作用的途径和方式。

三、政务公开的内容

（一）工作制度公开。坚持用制度管事管人，规范工作行为、办事程序，保障职工的知情权、参与权、表达权、监督权，让权力在阳光下运行。

（二）决策过程公开。加强决策程序建设，健全重大决策规则和程序，逐步扩大决策公开的领域和范围，推进决策过程和结果公开。凡涉及干部职工切身利益的重要改革方案、重大政策措施、重点工程项目，在决策前要广泛听取、充分吸收各方面意见，并以适当方式反馈或公布意见采纳情况。

（三）内部事务公开。加大组织人事、财务预决算、政府采购、基建工程等信息的公开力度，涉及干部任用、职称评定、教育培训、奖励表彰等情况，要采取适当方式及时在内部公开，切实加强权力运行监控。

（四）监管工作公开。扎实推进廉政风险防控管理。在认真查找廉政风险点和制定防控措施的基础上，认真执行并及时完善《兰州畜牧与兽药研究所廉政风险防控手册》，逐步建立健全风险预警、内外监督、考核评价和责任追究机制，形成一整套行之有效的廉政风险防控制度体系。

四、政务公开的形式

政务公开的基本形式是职工代表大会、党政工联席会、座谈会、所情通报会、所领导不定期走访、政务公开栏、研究所网页、每月一期的工作简报、会议纪要和意见箱等。

五、政务公开的程序

（一）制定目录。结合研究所实际情况，制定政务公开目录。规范公开的内容、范围、方式、时限和承办部门等，所属各部门制定本部门需要公开的目录。

（二）实施公开。公开的时限应与公开的内容和范围相适应。政务公开内容的真实性、可靠性，由提供公开内容的部门负责。

（三）收集反馈。通过建立电子邮箱、设立意见箱、公布联系电话、安排接待日等方式，收集干部职工对我所政务公开情况的意见和建议，及时做出处理或整改，并将结果以适当方式向干部职工反馈。

（四）归档整理。将政务公开的内容和干部、职工的意见、建议以及处理情况等资料，及时登记归档，并做好管理利用工作。

六、政务公开的时限

政务公开要充分体现及时性和经常性，做到常规性工作长期公开，阶段性工作定期公开，临时性工作和重点事项即时公开。

（一）长期公开。主要指具有长期性、稳定性的工作，需在长时间内对干部职工公开。如遇修订和调整，应当及时更新。

（二）定期公开。主要指一段时间内相对稳定的阶段性工作，如工作年度计划、重要会议、教育培训计划及落实情况。可根据实际情况确定更新周期。

（三）即时公开。主要指动态性、临时性、应急性的工作，如阶段工作重点、领导讲话、干部考察预告。任前公示等，应及时进行公示。跨年度工作除即时公开外，还应当随年终总结进行公开。

七、政务公开工作制度

健全和完善以规范政务公开内容、形式、程序、反馈意见落实及工作责任追究为主体的具体制度。要在实践中不断总结完善，建立健全各项行之有效的制度，使政务公开工作科学化、制度化、规范化。

（一）例行公开制度。列入政务公开目录的事项，应按照职责分工和有关规定，及时主动公开。

（二）依申请公开制度。干部职工按照有关规定申请公开相关事务。对申请的事项，可以公开的，应向申请人公开或在一定范围内公开。暂时不宜公开或不能公开的，及时向申请人说明情况。

（三）信息反馈制度。按照“谁公开、谁负责，谁收集、谁反馈”的原则，收集整理干部职工围绕政务公开提出的意见和建议，及时做好信息反馈工作。涉及重要事项和重大问题，要认真讨论研究，并根据需要实行再次公开。

（四）监督检查制度。要加强对政务公开工作的检查和指导，推动工作落实。相关部门要对政务公开工作落实情况进行调查研究和督促指导，研究改进和加强监督的方式方法，及时解决政务公开实践中存在的困难和问题。

（五）考核评价制度。坚持把政务公开和政务服务工作纳入绩效考核管理范围，细化考核评估标准。建立健全激励和问责机制，对工作落实到位、职工满意度高的部门要予以奖励；对不按规定公开或弄虚作假的，要批评教育，限期整改；情节严重的，要追究有关领导和直接责任人的责任。对损害职工合法权益、造成严重后果的，要严格追究责任，坚决避免政务公开和政务服务流于形式，确保各项工作落实到位。

八、政务公开保障措施

（一）加强对政务公开工作的领导。要切实加强对政务公开工作的组织领导，统一研究部署、组织协调和指导政务公开工作，及时解决工作中的问题。成立政务公开领导小组，由所长任领导小组组长；领导小组下设办公室，具体负责全所政务公开日常工作，推动全所的民主政治建设。

（二）加强政务公开宣传教育。采取多种形式，帮助全所干部职工全面掌握政务公开工作的主要内容和基本要求，引导广大干部职工正确行使民主权力，让干部职工在了解中参与，在明白中监督。加强宣传教育，加大培训力度，形成工作合力。充分运用媒体等各种舆论阵地，大力宣传政务公开的重大意义、主要内容、目标要求和方式方法，发挥典型示范作用，努力营造政务公开的良好氛围。

（三）不断改进公开方式。推进政务公开，要坚持形式服从内容，注重实效。结合研究所实际，以关系职工切身利益的重要事项和本部门的核心权力为重点，不断丰富政务公开内容，把传统方式和现代手段结合起来。通过会议、文件、简报、公告栏等形式进行公开。积极探索运用网络、电子显示屏、手机短信等方式进行公开，不断提高政务公开的质量和水平。

九、附则

（一）本办法由政务公开领导小组负责解释。

（二）本办法自公布之日起执行。

兰州畜牧与兽药研究所政务公开目录

一级目录	二级目录	三级目录	公开方式	公开范围	公开时限	责任单位	备注
机构设置与职能	基本情况	1. 所简介	所网	社会	长期	所办公室	
	所领导集体	2. 现任领导名单、简历	所网	社会	长期	所办公室	
	组成机构	3. 所属各部门名单	所网	社会	长期	所办公室	
		4. 各部门机构设置与职能	所网	社会	长期	所办公室	
政策规章	所级制度	5. 以研究所名义发布的关于组织人事、财务资产管理、科技创新、教育培训与人才引进、对外交流合作、科技管理工作、基建管理工作等规章制度	文件	所内	长期	所办公室	
发展规划	所总体规划	6. 所中长期发展规划等事关全所改革发展全局的规划或要点	文件	所内	长期	所办公室	
	专项规划	7. 由研究所起草颁布的、关于全所专项工作的部分规划或要点	文件	所内	长期	所办公室	
重要事项	预算决算	8. 年度财政预算、决算报告	会议或文件	所内	定期	财务处	
		9. “三公”经费公开	会议或文件	所内	定期	财务处	
	大额资金使用	10. 重大基建项目、设备采购招标、批准和实施情况	会议或文件	所内	即时	财务处	
	重点工作	11. 全所性重点工作进展	会议或文件	所内	定期	所办公室	
	组织人事	12. 组织机构调整、重要人事任免公告	会议或文件	所内	即时	党办人事处	
		13. 对外招聘启事	所网、院网	社会	即时	党办人事处	
科研工作	所级项目审批立项	14. 所级项目申请、通知与立项公示	会议或文件	所内	即时	科技管理处	
	招生与培养	15. 学生招录、奖励资助、公派出国等事项有关介绍与通知公告	所网或文件	社会	即时	科技管理处	
	科研项目	16. 科研项目类别、名称及承担单位	所网或文件	所内	定期	科技管理处	
	科技平台	17. 依托我所建设的国家、省、部、院及所级平台简况	所网或文件	所内	定期	科技管理处	

（续表）

一级目录	二级目录	三级目录	公开方式	公开范围	公开时限	责任单位	备注
科研工作	科研进展	18. 学术活动动态与科研工作进展	所网或文件	所内	定期	科技管理处	
	科研成果	19. 论文、专利、科技奖励、版权软件等相关统计数据与科技成果奖申报通知与评审结果公示	所网或文件	所内	定期	科技管理处	
其他内容							

中国农业科学院兰州畜牧与兽药研究所
“三重一大”决策制度实施细则

（农科牧药党〔2014〕7号）

为全面贯彻落实党的十八大精神及中共中央关于凡属重大决策、重要干部任免、重大项目安排和大额度资金的使用（以下简称“三重一大”）必须由领导班子集体做出决定的要求，按照中国农业科学院党组加快建设“定位明确、法人治理、管理高效、开放包容、评价科学”的现代科研院所制度的部署，加快建立健全重大事项决策规则和程序，防范决策风险，推进决策的科学化、民主化，根据《中国农业科学院“三重一大”决策制度实施办法》，结合研究所实际，制订本办法。

一、“三重一大”决策基本原则

（一）坚持和完善民主集中制，按照集体领导、民主集中、个别酝酿、会议决定的原则，凡属职责范围内的“三重一大”事项，都应充分发扬民主，由领导班子集体做出决定。

（二）凡属“三重一大”事项，除遇重大突发事件和紧急情况外，应以所党委会、所务会、办公会形式讨论决定，不得以传阅、会签和个别征求意见等方式代替集体决策。

二、“三重一大”事项范围

（一）重大决策事项，是指事关我所改革、发展、稳定和干部职工切身利益的重要事项，主要包括：

1. 贯彻落实党中央、国务院的重大部署和农业部、中国农业科学院指示的重要事项；

2. 向上级部门请示或报告的重要事项和重要决策建议；

3. 全所改革发展的重大问题；

4. 研究所科技创新工程实施中的重大事项；

5. 全所改革发展有关综合规划、中长期规划、科技发展规划、专项规划、年度计划、财务预决算方案等；

6. 全所党的建设、党风廉政建设、精神文明建设和思想政治工作等重要事项；

7. 研究所出租、出借土地资产以及国有资产处置事项；

8. 研究所重要规章制度的制订、修改和废除；

9. 研究所机构设置、职能、人员编制等事项；

10. 涉及研究所广大干部职工切身利益和生活福利的重要事项。

（二）重要干部任免事项，是指研究所管理的领导干部任免及其他重要人事安排事项，主要包括：

1. 推荐所级后备干部人选；

2. 任免中层干部；

3. 推荐党代会代表、人大代表、政协委员候选人；

4. 所级以上各类荣誉授予人选决定和推荐；

5. 其他重要人事事项。

（三）重大项目安排事项，是指对研究所科技创新和建设发展产生重要影响的重大科研项目及投资项目的安排事项，主要包括：

1. 设立重大科研项目和对外合作项目；

2. 申报中央财政资金专项，投资规模在500万元以上；

3. 使用自有资金，投资规模在10万元以上。

（四）大额度资金使用事项，是指超过所长有权调动、使用的资金限额的资金调动和使用，主要包括：

1. 预算内10万元以上的资金使用和财政不可预见费的使用；

2. 2万元以上捐赠、赞助；

3. 其他需要集体讨论决定的大额度资金使用事项。

三、"三重一大"决策程序

（一）酝酿决策阶段：

1. "三重一大"事项决策前，必须进行广泛深入的调查研究，充分听取各方面意见；对专业性、技术性较强的事项，必须进行专家论证、技术咨询、决策评估。

2. 重大科技项目、科技发展规划和涉及学术问题的重要事项等，决策前应提交研究所学术委员会论证或审议。

3. 重要干部任免事项，要严格执行《党政领导干部选拔任用工作条例》《农业部干部任用工作规定》《中国农业科学院党政领导干部选拔任用工作规定》和研究所有关规定和工作程序。

4. 涉及广大干部职工切身利益和生活福利的规章制度和重大事项，决策前应通过研究所职工代表大会或其他有效形式充分听取干部职工的意见和建议。

5. "三重一大"事项决策前，所领导班子成员可通过适当形式对有关议题进行充分酝酿，但不得做出决定。

6. 提请所党委会、所务会、办公会决策的"三重一大"事项议题，应遵照研究所有关规定和程序，提前以书面形式送达相应参会人员，做好会前沟通，保证有足够时间了解和思考相关问题。

7. 除遇重大突发事件和紧急情况外，不得临时动议。

（二）集体决策阶段：

1. “三重一大”事项决策会议必须符合规定人数方可召开。所党委会、所务会必须有 2/3 以上成员到会。

2. 研究讨论“三重一大”事项，应当坚持一事一议，一事一决。与会人员要充分讨论，对决策建议分别表示同意、不同意或缓议的意见，并说明理由。主持会议的主要领导同志应在班子其他成员充分发表意见的基础上，最后发表意见。意见分歧较大或者发现有重大问题尚不清楚时，除紧急事项外，应当暂缓作出决定，待进一步调研或论证后再作决定。

3. 会议决定“三重一大”事项遵循少数服从多数原则，采取口头、举手或无记名投票等方式进行表决。讨论决定干部任免事项，一律采取无记名投票方式。赞成人数超过应到会人数的 1/2 为通过，未到会成员的书面意见不计入票数。

4. “三重一大”事项决策情况，包括决策参与人、决策事项、决策过程、班子成员发表的意见、理由、表决结果、决策结果等内容，应当以会议通知、会议议程、会议记录、会议纪要等书面形式完整详细记录，与投票实样等资料一并立卷归档备查，并做出明确标识。

（三）执行决策阶段：

1. “三重一大”事项经所领导班子集体决策后，由班子成员按分工和职责组织实施。遇有分工和职责交叉的，由所领导班子明确一名成员牵头。

2. 班子成员不得擅自改变集体决策。对集体决策有不同意见的，可以保留，可按组织原则和规定程序反映，但在没有做出新的决策前，应无条件执行。

3. 集体决策确需变更的，应由所领导班子重新做出决策；如遇重大突发事件和紧急情况做出临时处置的，必须在事后及时向所领导班子报告，未完成事项如需所领导班子重新做出决策的，经再次决策后，按新决策执行。

四、“三重一大”决策监督保障

（一）所领导班子成员应带头执行“三重一大”制度，根据分工和职责及时向领导班子报告“三重一大”事项执行情况。

（二）领导班子及成员执行“三重一大”制度的情况，纳入述职述廉和党风廉政建设责任制考核的重要内容。

（三）除涉密事项外，研究所“三重一大”决策事项应依照《中国农业科学院兰州畜牧与兽药研究所政务公开工作实施方案》规定程序和方式，在相应范围内及时公开。

五、“三重一大”决策责任追究

有下列情形之一的，应根据事实、性质及情节追究责任。情节轻微的，对责任人给予批评教育、诫勉谈话，并限期纠正；情节严重、造成恶劣影响和重大损失的，应依法依纪追究相关责任人的责任。

（一）不按规定履行“三重一大”事项决策程序的；

（二）擅自改变或不执行领导集体决定的；

（三）未经领导集体研究决定而个人决策，事后又不通报的；

（四）未向领导集体提供全面、真实情况，造成错误决定的；

（五）弄虚作假，骗取领导集体做出决定的。

六、附则

本办法自 2014 年 6 月 25 日所务会通过之日起执行。

中国农业科学院兰州畜牧与兽药研究所
公文处理实施细则

（农科牧药办〔2012〕15号）

为使研究所公文处理工作规范化、制度化、科学化，提高公文处理的效率和质量，遵循集中统一、准确周密、迅速及时、安全保密的原则，根据《中国农业科学院公文处理办法》（2002年5月），结合研究所实际，特制订本实施细则。

一、总则

（一）公文是指研究所在各项活动中形成的具有法定效力和规范体式的文书，是传达、贯彻党和国家的方针、政策，转发行政法规和规章，采取行政措施，请示和答复问题，指导、布置和商洽工作，报告情况，交流经验的重要工具。公文处理是指公文的办理、管理、立卷、归档等一系列相互关联、衔接有序的工作。

（二）公文处理应坚持实事求是、精简、高效的原则，严格执行国家有关保密法规，做到及时、准确、安全。

（三）办公室是研究所公文处理的管理机构，负责指导研究所各部门的公文处理工作。各部门应配备兼职公文管理人员。

（四）公文处理人员要具备一定的公文处理能力和专业知识，要坚持原则，忠于职守，廉洁正派，严格执行中国农业科学院公文处理办法和本实施细则。

二、常用的公文种类

（一）决定：适用于对重要事项或重大行动做出安排，奖惩所属部门及有关人员。

（二）规定、办法：适用于在职权范围内对某项工作、某项事务、某项管理做出约束性的安排或法制性的管理。

（三）指示：适用于向下级部门布置工作，阐明工作活动的指导原则。

（四）通知：适用于转发上级机关、同级机关的公文；发布规章；传达要求下级办理和需要有关单位周知或者执行的事项；任免人员等。

（五）通报：适用于表彰先进、批评错误，传达重要精神和情况。

（六）请示：适用于向上级机关或业务主管部门请求指示、批准事项。“请示”需要批复。“请示”应当一文一事，一般只写一个主送单位，除领导直接交办的事项外，“请示”不应直接送领导者个人，也不得抄送下级机关。“请示”一般不得越级请示，因特殊情况必须越级行文时，应同时抄报越过的机关。

（七）报告：适用于向上级机关汇报工作，反映情况，提出意见或建议，答复上级机关的询问。“报告”一般不需要答复。

（八）批复：适用于答复下级部门请示事项。

（九）函：适用于不相隶属机关之间相互商洽工作、询问或答复问题，向有关主管部门请求批准和答复审批事项等。

（十）会议纪要：适用于记载、传达、通报会议情况和议定事项。

三、公文格式

公文一般由密级和保密期限、紧急程度、发文机关标识、发文字号、签发人、标题、主送机关、正文、附件说明、印章、成文日期、附件、主题词、抄送（报）机关、附注、印发机关和印发日期等部分组成。

（一）发文机关：应当写全称或规范化简称。联合行文，主办单位应排列在前。

（二）公文标题：应当准确、简明扼要地概括公文的主要内容并标明公文种类，一般应标明发文机关。标题中除法规、规章名称加书名号外，一般不用标点符号。如转发的文件标题文字过长，可概括内容，压缩文字，但不能以发文字号代替转发文件标题的内容部分。

（三）发文字号：包括单位代字、年份、序号，如：农科牧药×字〔20××〕×号。

联合发文，只标明主办单位（部门）的发文字号，研究所发文及所党委发文由办公室分类统一编号。

（四）签发：签发人应在发文稿纸首页的签发栏中写明“发”“同意”等字样的批示意见，并签上姓名和年、月、日。其中“请示”应当在附注处注明联系人姓名和电话。

（五）印章：本所公文除“会议纪要”外，均应加盖印章。

（六）秘密等级：秘密公文应在文件首页右上角分别注明“绝密”“机密”“秘密”。“绝密”“机密”公文应在文件首页左上角标明份数、序号。

（七）紧急程度：紧急公文应在文件首页右上角分别标明“特急”或“急件”。

（八）主送机关：请示一般只写一个主送机关，如确需同时报送另一个上级机关，用抄报形式。受文单位应写全称或规范化的简称、统称。

（九）附件：公文如有附件，应在正文之后、成文日期之前，注明附件顺序和名称。

（十）成文日期：文件的成文日期以负责人签发的日期为准。联合行文，以最后签发单位负责人签发的日期为准。会议通过的文件，以通过的日期为准。

（十一）主题词：公文应根据内容标注主题词，主题词参照《中国农业科学院公文主题词表》标注。

（十二）公文版式要求：

1. 公文用纸采用国际标准 A4 型（297 mm × 210 mm），双面印刷，版芯为：156 mm × 225 mm（不含页码）；附件用纸应当与主件一致，并与主件一起左侧装订，不掉页。

2. 眉首，由秘密等级和保密期限、紧急程度、发文机关标识、发文字号、签发人等部分组成。

（1）秘密等级和保密期限：涉及国家秘密的公文应当在公文的首页右上角标明密级和保密期限，用3号黑体。

（2）紧急程度：如需标识紧急程度，用3号黑体。

（3）发文机关标识：使用发文机关全称或规范化简称加上“文件”两个字。

（4）发文字号：发文字号于发文机关下空2行，用3号仿宋体字，居中排布；年份、序号用阿拉伯数码标识；年份应标全称，用六角括号〔〕括入；序号不编虚位（即1不编为001），不加“第”字。

（5）签发人：上行文应有签发人。签发人姓名平行排列于发文字号右侧。“签发人”用3号仿宋体字，“签发人”后用全角冒号，冒号后用3号楷体字标识签发人姓名。

3. 主体，由公文标题、主送机关、公文正文、附件、成文日期、附注等部分组成。

（1）公文标题：用2号华文中宋或小标宋体字，可分一行或多行居中排列；回行时，要做到词意完整、排列对称、间距恰当。

（2）主送机关：标题下空1行，左侧顶格用3号仿宋体字标识。

（3）公文正文：主送机关名称下1行，每自然段左空2字，回行顶格。正文除各层次标题外均用3号仿宋字体，文中标题结构层次如下：第一层用“一、”“二、”“三、”……标序，标题用黑体字；第二层用“（一）、”“（二）、”“（三）、”……标序，标题用楷体字并加粗；第三层用“1.”“2.”“3.”……标序，标题用仿宋字体并加粗；第四层用“（1）”“（2）”“（3）”……标序，标题用仿宋字体。一般每页22行，每行28个字。

（4）附件：公文如有附件，在正文下空1行左空2字用3号仿宋体字标识“附件:”，附件如有序号使用阿拉伯数码（如“附件：1. ××××”）；附件名称后不加标点符号。附件内容也按照正文格式要求进行排版。

（5）成文日期：用汉字将年、月、日标全。

（6）附注：“请示”在附注处注明联系人的姓名和电话，用3号仿宋体字，居左空2字加圆括号标识在成文日期下1行。

（7）特殊情况说明：当公文排版后所剩空白处不能容下印章位置时，应采取调整行距、字距的措施加以解决，务使印章与正文同处一面，不得采取标识“此页无正文”的方法解决。

4. 版记，包括主题词、抄送机关、印发机关和印发日期等部分组成。

（1）主题词：“主题词”用3号黑体字，居左顶格标识；词目用3号华文中宋体字或小标宋体字。

（2）抄送（报）机关：在主题词下1行，左右各空1字，用3号仿宋体字标识“抄送”或“抄报”；抄送（报）机关间用逗号隔开，回行时与冒号后的抄送（报）机关对齐；最后一个抄送（报）机关后标句号。

（3）印发机关和印发日期：位于抄送机关之下（无抄送机关在主题词之下）占1行位置，用3号仿宋体字。印发机关左空1字，印发日期右空1字。印发日期以公文付印的日期为准，用阿拉伯数码标识。

5. 信函式公文格式：只标识发文机关名称，不标识“文件”二字，用于处理日常事务的平行文或下行文，除不标识签发人以外，其他各要素均与“文件式”公文相同。

6. 会议纪要格式：标识“××会议纪要”，序号，会议纪要名称，不标识签发人，不盖印章，其他各要素如正文、附件、主题词、主送、印发日期等与“文件式”公文格式相同。

四、发文处理的程序与方法

发文处理的一般程序为：拟稿、审核、会签、复核、签发、登记、缮印、校对、用印、分发等。

（一）草拟公文要求：草拟公文由主办部门负责。

1. 符合国家的法律、法规和方针、政策及有关规定。观点明确、条理清楚、情况确实、层次分明、标点准确、文字精炼、篇幅力求简短。

2. 本所发文一律用“中国农业科学院兰州畜牧与兽药研究所发文稿纸”撰写。起草和修改文稿一律用蓝色或黑色钢笔、签字笔或毛笔，不得使用铅笔和圆珠笔，字迹要工整。

3. 人名、地名、物名、数字、文件名称、引文要准确，一般不要简化。引用公文应当先引标题，后引发文字号。文中使用非规范化简称时，应当先用全称并注明简称。使用国际组织的外文名称或其缩写形式，在文中第一次出现时应注明准确的中文译名。

4. 上报文件要简明扼要，除综合性报告外，要一文一事。

5. 应统一的写法：公文中的数字，除成文时间，部分结构层次序数和词、词组、惯用语、缩略语、具有修辞色彩语句中作为词素的数字必须使用汉字外，其余一律用阿拉伯数字。

使用国家法定计量单位（如，吨、公斤、千克、克等）。

（二）文稿审核：

1. 由主办部门负责审核文件内容、数据的准确性，所提办法、措施是否切实可行和政策的连续性以及文字表达等。

2. 办公室主要对公文格式、行文关系、行文程序等方面进行技术把关。

3. 经办公室、所领导审核确认需要修改的发文稿，由办公室提出意见，退主办部门修改或重办。

（三）公文签发：

1. 以本所名义发出的文件，由所长或分管副所长签发。所长、副所长不在时由其委托主持工作的负责人签发。

2. 以所党委名义发出的文件，由所党委书记或副书记签发，书记、副书记不在时，由其委托主持工作的负责人签发。

3. 已经签发的文稿，其他人员不得再改动。如确需修改时，须经签发人同意。

4. 签发文稿一律用蓝色或黑色钢笔、签字笔或毛笔。在签发栏中须写明签发意见，并签注姓名和时间。

（四）缮印、校对：

1. 本所发文经签发后，由办公室复核，重点复核审批、签发手续是否完备，附件材料是否齐全，格式是否统一、规范，之后进行编号、登记，即行发稿。

2. 缮印的文件、资料打出清样后，由主办部门负责校对，校对文件必须认真仔细，做到准确无误。

3. 严格控制文件印刷数量，办文部门要按主送单位，抄送（报）单位精确计算印刷数量，避免滥发和浪费。

4. 根据中国农业科学院规定，上级文件份数为：

（1）上报农业部及有关上级单位的公文一式三份样。

（2）上级有明确要求上报份数的则按要求份数上报。

五、用印

（一）“中国农业科学院兰州畜牧与兽药研究所”印章由办公室负责监印；“中国共产党中国农业科学院兰州畜牧与兽药研究所委员会”印章由党办人事处监印；本所各部门印章由各部门负责监印。

（二）发文应严格按本细则发文处理（三）款审批权限的规定用印，发现手续不完备或不符合办文要求的，应由办文单位补办或重办，否则不予用印。

（三）其他资料加盖本所印章，须经所领导批准，加盖部门印章须经部门负责人批准。

（四）启用所领导私人印章，须经本人同意。

六、公文封发

公文由主办部门封发。需邮寄的文件应写清收文单位的全称与详细地址、邮政编码，交由办公室负责登记邮寄。

七、收文处理的程序与方法

收文处理的一般程序为：签收、启封、登记、分送、拟办、批办、传阅、承办、催办、注办、立卷、归卷等。

（一）本所收发室应严格管理收到的文电，机要通信等挂号文件应履行登记手续。办公室负责本所收文的签收、登记、分发，登记内容应包括：收文日期、发文机关、文号、标题、密级、份数、承办部门、缓急程度、办理时限等。分发文件应准确、及时、主次分明、手续严密，一般应做到当日文件当日分送，特急公文随到随分，不得拖延、积压。

（二）信封上注明研究所收启的文件，经办公室拆封登记后，由办公室负责人提出拟办意见，报送分管所领导批办。办公室根据所领导批办意见，送有关部门承办。信件标明所领导同志姓名的交本人启封。

（三）信封上注明本所有关部门的文件，由相关部门拆封，需要所领导批办的，交办公室登记后报送所领导批办，送相应部门承办。

（四）所领导及部门从会议上带回的有关文件，应主动及时送办公室登记、办理归档。

（五）各承办部门收到交办的公文后应当及时办理，不得拖延、推诿。文件未注明时间的，一般不得超过一周。紧急公文应当按时限要求办理，确有困难的，应当及时予以说明。文件处理结束后要注明处理结果，并签名以示负责。如认为不属本部门业务范围或因其他原因无法办理时，由该部门负责同志签注意见后，及时退回办公室，不得直接转送，更不得积压延误。

（六）同一文件如涉及两个以上部门的，应先送主要业务部门，由其会同有关部门办理。难以判明承办部门的，由办公室负责人提出意见，呈送所领导批转有关部门办理。

（七）领导批办的文件，承办部门要及时认真完成，对领导批办文件的处理情况，办公室和有关部门要指定专人负责催办。做到紧急公文跟踪催办，重要公文重点催办，一般公文定期催办。催办情况及时向有关领导汇报。

八、立卷归档及管理

（一）本所发文在加盖印章后，将原稿与发文（主件、附件）一式二份，由办公室立卷；各部门自行发文由各部门将原稿、发文（主件、附件）一式二份立卷。

（二）立卷部门应在第 2 年上半年内将整理好的案卷交办公室档案室归档。没有保存和查考价值的公文，经过鉴别和主管领导人批准，可定期销毁。销毁秘密文件资料前应当进行登记并到指定场所，由不少于 2 人监销，保证不丢失、不漏销。

（三）办公室档案管理人员要认真执行《中国农业科学院档案管理办法》，对本所各部门的档案工作进行指导、监督和检查，除人事档案仍由党办人事处管理外，档案室负责管理研究所各部门的全部档案。

九、附则

（一）本实施细则自 2012 年 2 月 29 日起实施。1998 年下发的《中国农业科学院兰州畜牧与兽药研究所公文处理实施细则》同时废止。

（二）本实施细则由办公室负责解释。

中国农业科学院兰州畜牧与兽药研究所计算机信息系统安全保密管理暂行办法

（农科牧药办〔2012〕15号）

第一章　总　则

第一条　为加强研究所计算机信息系统的安全保密管理，维护计算机信息交流的正常进行和健康发展，确保国家秘密安全，保护研究所秘密，防止计算机失泄密问题的发生，根据《中华人民共和国保守国家秘密法》国家保密局《计算机信息系统保密管理暂行规定》《计算机信息系统国际联网保密管理规定》和《中国农业科学院计算机信息网络安全管理规定（暂行）》，结合研究所实际，制订本办法。

第二条　本办法所称计算机信息系统是指由计算机及其相关的配套的设备、设施（含网络）构成，按照一定的应用目标和规则对信息进行采集、加工、存储、传输、检索等处理的人机系统。

第三条　本办法适用于研究所各部门和职工利用办公计算机、网络及移动存储介质采集、加工、存储、传输、处理涉密信息和非涉密信息。

第四条　研究所保密领导小组负责全所计算机信息系统的安全保密管理。各部门（课题组）第一责任人负责本部门（课题组）计算机信息系统的安全保密工作。

第二章　计算机网络信息安全保密管理

第五条　任何部门或个人不得利用计算机网络从事危害国家利益、集体利益和公民合法利益的活动，不得危害计算机网络及信息系统的安全。不得制作、查阅、复制和传播有碍社会治安和不健康的、有封建迷信、色情等内容的信息。

第六条 加强对上网人员的保密意识教育，提高上网人员保密观念，增强防范意识，自觉执行保密规定。

第七条 为防止黑客攻击和病毒侵袭，计算机须安装国家安全保密部门许可的正版杀毒软件，并定期对杀毒软件进行升级。原则上不允许外来光盘、U 盘等移动存储介质在研究所局域网计算机上使用。确因工作需要使用的，必须经防（杀）毒处理，证实无病毒感染后方可使用。

第八条 涉密计算机严禁直接或间接连接国际互联网和其他公共信息网络，必须实行物理隔离。

第九条 接入网络的计算机严禁将计算机设定为网络共享，严禁将机内文件设定为网络共享文件。不得在联网的信息设备上存储、处理和传输任何涉密信息。

第十条 保密级别在秘密以下的材料可通过电子信箱传递和报送，严禁保密级别在秘密以上的材料通过电子信箱和聊天软件等方式网上传递和报送。禁止将涉密材料存放在网络硬盘上。

第十一条 任何部门或个人不得在聊天室、电子公告系统、网络新闻上发布、谈论和传播国家秘密信息。使用电子函件进行网上信息交流，应当遵守国家保密规定，不得利用电子函件传递、转发或抄送国家秘密信息。

第十二条 上网发布信息坚持“涉密不上网，上网不涉密”“谁发布谁负责”的原则。除新闻媒体已公开发表的信息外，各部门或个人提供的上网信息应确保不涉及国家秘密。

第十三条 凡向互联网站点提供或发布信息，必须经过保密审查批准。审批程序为：各部门（课题组）负责对信息的搜集和整理，并对拟发布的信息是否涉密进行审查后交办公室，由办公室填写《中国农业科学院新闻宣传信息发布审核表》，报所领导审批后在研究所网页上发布或报送相关部门发布。

第十四条 研究所内部工作秘密、内部资料等，虽不属于国家秘密，但应作为内部事项进行管理，未经所领导批准不得擅自发布。

第十五条 禁止网上发布信息的基本范围：

（一）标有密级的国家秘密；

（二）未经有关部门批准的涉及国家安全、社会政治和经济稳定等敏感信息；

（三）未经制文单位批准，标注有“内部文件（资料）”和“注意保存”（保管、保密）等警示字样的信息；

（四）本部门或研究所认定为不宜公开的内部办公事项。

第三章　涉密计算机和存储介质保密管理

第十六条　研究所保密领导小组根据国家保密法规和农业部、中国农业科学院相关规章制度，结合工作实际，确定涉密部门和岗位，配备涉密计算机和存储介质，并登记备案。

第十七条　涉密计算机必须实行物理隔离，严禁直接或间接连接国际互联网和其他公共信息网络。涉密计算机的使用必须由专人负责操作，无关人员不得违规操作。

第十八条　涉密计算机用户密码管理

（一）秘密级涉密计算机的密码管理由使用人负责，机密级涉密计算机的密码管理由涉密部门（课题组）负责人负责。严禁将密码转告他人。

（二）用户密码必须由数字、字符和特殊字符组成。秘密级计算机用户密码长度不能少于 8 个字符，机密级计算机用户密码长度不得少于 10 个字符，并要定期更换密码。

第十九条　由所保密领导小组指定专人负责涉密计算机软件的安装工作，严禁使用者私自安装计算机软件和擅自拆卸计算机设备。

第二十条　禁止涉密计算机在线升级防病毒软件病毒库，应使用安全的离线升级包进行升级。至少每周查杀一次病毒。

第二十一条　涉密计算机中电子文件的密级按其所属项目的最高密级界定，其生成者应按密级界定要求标定其密级，密级标识不能与文件的正文分离，一般标注于正文前面。

第二十二条　各用户需在本人的计算机中创建保密文件夹，并将电子文件分别存储在相应的文件夹中。

第二十三条　涉密电子文件由涉密部门负责，定期、完整地存储到不可更改的介质上，做好登记后集中保存，然后从计算机上彻底删除。涉密电子文件和资料的备份应严加控制，未经许可严禁私自复制、转储和借阅。涉密计算机打印输出的文件应当按照相应密级文件管理，打印过程中产生的残、次、废页应当及时销毁。

第二十四条　涉密存储介质是指存储涉密信息的硬盘、光盘、移动硬盘及 U 盘等。各部门、课题组负责管理其使用的各类涉密存储介质，应根据有关规定确定密级及保密期限，并视同纸制文件，按相应密级的文件进行分密级管理，严格借阅、使用、保管及销毁制度。借阅、复制、传递和清退等必须严格履行手续，不能降低密级使用。

第二十五条　涉密存储介质不得接入或安装在非涉密计算机或低密级的计算机上，不得转借他人，不得带出工作区。因工作需要必须带出工作区的，需填写“涉密存储介质外出携带登记表”，经所领导批准，并报保密领导小组登记备案，返回后要经保密领导小组审查注销。

第二十六条 复制涉密存储介质，须经所领导批准，并填写“涉密存储介质使用情况登记表”。需归档的涉密存储介质，应连同“涉密存储介质使用情况登记表”一起及时归档。

第四章 涉密计算机和存储介质维修维护管理

第二十七条 涉密计算机和存储介质发生故障时，应当向所保密领导小组提出维修申请，经批准后维修，维修过程须由有关人员全程陪同。禁止外来维修人员读取和复制被维修设备中的涉密信息。

第二十八条 需外送修理的涉密设备，经所保密领导小组批准，并将涉密信息进行转存和不可恢复性删除处理后方可实施。

第二十九条 维修后应填写《涉密设备维修档案记录表》，将涉密设备的故障现象、故障原因、维修人员、维修内容等予以记录。

第三十条 高密级设备调换到低密级单位使用，要进行降密处理，并做好相应的设备转移和降密记录。

第三十一条 涉密计算机和存储介质的报废应由使用者提出申请，经所领导批准后，交所保密领导小组负责销毁。

第五章 附 则

第三十二条 对违反规定泄露国家秘密的，依据《中华人民共和国保守国家秘密法》及其相关法律、法规进行查处，追究责任。

第三十三条 本办法由办公室负责解释。

第三十四条 本办法经2012年2月29日所务会议讨论通过，从即日起执行。

中国农业科学院兰州畜牧与兽药研究所保密工作制度

（农科牧药办字〔1998〕25号）

为认真贯彻实施《保密法》，切实加强研究所保密工作，落实保密工作岗位职责，增强广大工作人员的保密意识，根据省、市保密委和中国农业科学院有关加强保密工作文件要求，结合本单位实际，特制订以下保密工作制度。

一、涉密岗位及工作人员职责

（一）本所的主要涉密岗位：机要、文秘、人事、外事、档案、财务、科研计划、科研成果、打字复印、计算机用户以及可能涉密的其他岗位。

（二）涉密岗位工作人员职责

1. 严格执行《保密法》及有关保密规定，做到不泄露自己悉知的秘密，不私自借阅密件，不摘录抄转密文，不随身携带秘密资料，不公开谈论与秘密有关的人和事。

2. 严格按规定办理密件的登记、借阅、存放和管理手续。

3. 加强保密监督，认真检查落实保密工作，杜绝失密事件的发生。

4. 完成上级及领导交给的有关保密工作。

二、关于工作人员保守党和国家秘密的规定

（一）不泄露自己悉知的党和国家秘密。

（二）不在无保密保障的场所阅办秘密文件、资料。不使用无保密保障的电信传输党和国家秘密。

（三）不在家属、亲友、熟人和其他无关人员面前谈论党和国家秘密。

（四）不在私人通信及公开发表的文章、著述中涉及党和国家秘密。

（五）不在外出社交活动中携带秘密文件、资料。特殊情况确需携带的应由本人或专人严格保管。

（六）不在出国访问等外事活动中携带秘密文件、资料。因工作确需携带的，应采取严密的防范措施。

（七）不将阅办完毕的秘密文件、资料私自留存或不按规定清退归档。

（八）不擅自复制或销毁秘密文件、资料。

（九）所保密委员会对其保守党和国家秘密情况的进行监督检查；如发生泄密问题应主动向研究所保密部门如实报告，并积极配合有关部门进行调查处理。

三、关于机要文件登记、传阅、归档、查阅规定

（一）机要文件的接收、传阅，要有登记、签字、审批手续，阅后及时退还归档。

（二）机要文件应指定专人负责收发、传阅、管理。

（三）机要文件应在办公室批阅，不能将机要文件带至家中或公共场所，更不能私带机要文件出差。

（四）借阅机要文件、刊物和中央、省、市领导重要讲话必须经主管领导批准，在办公室阅后立即归还存档。

（五）传阅的机要文件、刊物，必须妥善保管，暂未阅完的文件不得随意放在桌上，应放在柜子或抽屉里面，阅后立即归还，阅期最长不超过一周。节假日要把文件送回机要员处。

（六）阅读机要文件的人员要符合有关规定和领导批准范围，不得随意扩大，不准扩录。

（七）机要文件的送交不准乘公共汽车或骑自行车携带，按保密要求派车直接送交。

（八）其他有关文件可参照上述规定处理。

四、关于打字、复印、计算机、电信通讯保密规定

（一）不得将涉及国家机密等内容的资料、文件等通过打字、复印、电信通讯等形式外发。

（二）打字、复印、计算机、电信通讯等设施要指定专人负责操作。凡打字、复印秘密级以上的文件、资料要按规定程序报批。对单位尚无审批权限或不准打字、复印的文件、资料不准打字、复印或外传，经批准同意打印外传的资料、文件，要认真进行登记，以备查对。

（三）各部门对打印的秘密级以上文件、资料，要同正式文件一样进行登记、管理，用毕后按规定销毁。

（四）打字、电传已经归档的档案文件、材料，按档案部门的有关规定办理。

五、关于科技保密规定

（一）凡涉及国家特有生物资源；具有重要价值的资料、样品及关键技术；科学研究中已取得重大突破的新理论、新发现、新方法及科技成果和专利；具有先进水平的配方、工艺等技术；尚未公布的科研计划、科技发展规划、项目建议书、研究成果、实验资料等均属于科技保密范畴。

（二）涉及秘密内容的科技宣传报道，未经审查同意，均不得在有关电台、电视台、报纸、杂志上公开报道。

（三）凡属保密的项目、设施、样品、资料等均不得私自引见，参观或向参观者介绍，更不能提供资料和样品。

（四）科技人员在学术交流、合作研究、进修学习、参观访问期间不得将保密文件、资料、样品、标本或含秘密内容的试验记录等私自带出或口头向外泄露；凡具有涉密内容的稿件向境外投稿，都必须办理《中华人民共和国秘密出境许可证》或《出境证明》后方可携带出境。

（五）科研活动中涉及的计划执行情况、研究内容、成果专利中的有关工艺配方等属单位所有，由科研管理处统一管理，任何人都无权私自泄露或介绍。

六、关于涉外保密规定

（一）在涉外活动中，坚持热情友好，内外有别的原则。指定专人负责，统一口径回答外宾提出的问题。未公开的或未经允许的秘密事项不得向外国人泄露。

（二）安排外宾活动，应严格按照已经批准的接待计划、方案进行，如果增加活动内容，扩大活动范围或改变活动路线，须经有关部门批准后方可进行。未经允许不得将外宾引入非开放区参观或留宿，同时也不准其进行与工作和专业无关的“社会调查”。

（三）对外提供科技资料或引见外宾参观科技项目，应严格遵守国家科技保密条例规定，通过对外科技合作途径解决。

（四）对仿制引进的设备和产品，外国人外籍人秘密提供的资料、样品、设备等不能让外国人参观或向外国人介绍。

（五）不准携带内部资料、秘密文件、电报，会见并陪同外宾参加宴会、参观、游览。

（六）出国人员出国前必须接受保密知识教育；不准将秘密文件、资料和记有秘密内容的笔记本携带出国。

（七）出国人员出国期间要严格遵守国家保密法规和有关的保密规定，不在不利保密场合谈论秘密事项，在对外交往通讯中不得涉及国家秘密。

七、附则

（一）各级领导和广大职工都必须严格遵守保密纪律，树立长期的保密意识，维护国家的利益和安全。所保密委员会要经常检查保密工作情况，对有违犯保密规定和有泄密行为的人要进行批评教育，情节严重的要给予行政纪律处分；造成严重后果的，要依法追究刑事责任。

（二）本规定自所务会议通过之日起执行。

中国农业科学院兰州畜牧与兽药研究所信息传播工作管理办法

（农科牧药办〔2014〕82号）

第一章　总　则

第一条　为加强和规范全所信息传播工作，营造有利于研究所创新发展的良好环境和舆论氛围，促进科技创新工程实施，根据国家、农业部和中国农业科学院有关新闻宣传、科技传播和政务信息报送等工作的规定，结合研究所实际，制订本办法。

第二条　本办法适用于所属各部门开展的信息传播工作。信息传播工作包括新闻宣传、院所媒体传播和政务信息报送等。

（一）新闻宣传是指通过网络、报刊杂志、电视、广播等公共媒体，对研究所科研和管理活动进行的信息发布或宣传报道。

（二）院所媒体传播是指利用院网、院报、所网等院所媒体，发布研究所工作动态和相关信息的工作。

（三）政务信息报送是指依托《中国农业科学院简报》《中国农业科学院每日要情》《中国农业科学院信息》《中国农业科学院信息专报》等内部刊物，收集和报送研究所在科研和管理活动中产生的有参考价值的内部信息，为有关领导了解情况、科学决策提供信息服务的工作。

第三条　研究所信息传播工作的基本原则是：全面、客观、准确、及时、通俗地反映各项工作进展，严格执行国家、农业部和中国农业科学院有关新闻宣传、广播电视、报刊出版、互联网、保密、知识产权等方面的规定，防止失实报道和失泄密事件发生。

第二章　组织机构与人员队伍

第四条　为了加强信息传播工作，成立研究所信息传播工作领导小组。由所长任组长，党委书记和分管科研工作的副所长任副组长。其他所领导、职能部门第一责任人和办公室宣传岗位工作人员为小组成员。实行办公室牵头，各部门各负其责的工作机制。信息传播工作领导小组负责制定研究所年度信息传播工作计划，并报中国农业科学院办公室。

第五条　建立研究所通讯员队伍，职能部门、开发服务部门和研究所8个中国农业科学院科技创新团队各指定一名政治素质高、文字功底好的工作人员兼任通讯员，负责本部门和本团队工作动态和工作进展的信息传播工作。

第六条　根据中国农业科学院要求，设立研究所新闻发言人，由所领导担任，代表研究所履行对外发布新闻、声明和有关重要信息等职责。

第三章　工作内容

第七条　新闻宣传的主要内容包括：

（一）研究所改革、创新、发展的重要举措与成效；

（二）研究所创新成果与创新思想；

（三）研究所涌现的先进人物与团队的典型事迹；

（四）可向媒体发布的其他内容。

第八条　院所媒体传播的主要内容包括：

（一）应公开的全所基本情况与基本数据信息；

（二）研究所各项工作动态与进展；

（三）农业科普知识；

（四）涉农突发事件有关科技问题的专家解读等。

第九条　政务信息报送的主要内容包括：

（一）在科研和管理工作中取得的明显成效与经验；

（二）最新重大科技成果、重要科研进展；

（三）国外最新重大农业科研成果与动态；

（四）专家学者对农业农村经济与农业科技发展有关重点、难点、热点问题的分析判断与政策建议等。

第十条 工作要求及程序

（一）通讯员须根据各部门和各团队工作动态和进展，及时撰写稿件，经部门或团队负责人审阅签字后向办公室报送电子版，由办公室报所领导审阅并签署意见后统一报送或发布。

（二）信息内容必须真实准确、主题鲜明、言简意赅，尽量做到图文并茂，图片清晰并突出主题。

第十一条 研究所任何部门或个人接受新闻采访，必须经所领导批准，未经批准，不得擅自接受涉及研究所相关工作的采访。

第四章　考核与奖惩

第十二条 信息传播工作是中国农业科学院研究所评价体系考核指标之一。各部门和团队应高度重视。研究所建立信息传播工作通报制度，由办公室定期对各部门和团队报送的信息稿件及采用情况进行统计，并在全所范围内通报。

第十三条 研究所任何人员不得以研究所或者中国农业科学院名义发布职务成果。严禁发布涉及国家秘密及研究所秘密的信息，一经发现按相关规定追究相关部门、团队和个人责任。

第十四条 对违反本办法有关规定，造成不良影响和后果的部门和个人，进行通报批评，督促整改，并取消当年先进单位和个人的评选资格。违反国家和主管部门规定的按相关规定处理。

第十五条 为促进研究所信息传播工作，提高各部门及工作人员开展信息传播工作的积极性，对撰稿人予以奖励。奖励标准参见《中国农业科学院兰州畜牧与兽药研究所奖励办法》。

第五章　附　则

第十六条 本办法由办公室负责解释。自 2014 年 11 月 25 日所务会议讨论通过之日起施行。

中国农业科学院兰州畜牧与兽药研究所
科学技术档案管理办法

农科牧药办字〔2013〕79号

一、总则

科学技术档案是在科学研究活动中形成的应当归档保存的文字材料、计算材料、试验记录、标本和图纸等科技文件材料。具体分为研究项目、学术活动、科技情报编译（包括书稿）等档案。根据《中华人民共和国档案法》和《中国农业科学院科学技术档案管理办法》，结合研究所实际，制订本办法。

二、归档范围

研究项目档案以课题组为立卷单位，课题负责人负责本课题科技档案的立卷归档；科研管理、学术活动和科技情报编译档案由科技管理处负责立卷归档。

（一）研究项目立卷归档范围

1. 课题的审批文件，开题报告，可行性论证报告，任务书或课题实验设计报告，课题财务预算报告，课题年度计划书及其实施方案，委托书和协议书，结题报告，验收报告，项目（课题）更改、中断等文字材料。

2. 各种原始实验纪录和整理数据，实物照片（标本）等。试验记录一律使用A4纸，应注明实验人姓名、日期等，注意在纸张左边留出3cm装订线，打印制作表格等应选用A4或A3纸。

3. 计划执行情况、试验小结、阶段成果、科研年报、研究论文、中期总结、成果鉴定、总结报告、获得奖励及专利资料等材料。

（二）学术活动文件材料归档范围为学术会议、专业会议的论文集、专题报告等科技文件材料。

（三）科技情报编译归档范围为情报编译和其他出版物定稿、样书等。

三、立卷、归档要求

（一）每个科研课题在研究过程中的各个阶段，都应形成相应的科技文件。科研课题的确定、更改、中断、撤销和完成，科研成果的鉴定、奖励等，均须有依据、有数据、有记录，做到有文字、图表、标本等凭证。科技文件的制作要符合档案的规范，文件的载体要有利于长期保存和利用。

（二）研究项目以课题为单位，不论课题研究结束、中断、成功或失败，当完成或告一段落时，须将研究工作中形成的、具有保存和查考价值的科技文件加以整理，对文件材料进行质量检查，对不符合要求的文件材料做好补救工作。根据其不同性质和特点，组成保管单位（卷、册、袋、盒），为以后的立卷归档工作打好基础。

（三）结题或验收的研究项目，由科技管理处通知课题组，在结题或验收后2个月内完成归档。课题组将积累、保管的文件材料排列，编写页码，填写卷内目录，拟定案卷标题，根据科技档案保管期限表和有关保密制度的规定，划分并填写保管期限和密级，装订成册后向档案室移交。有关案卷装订的要求参照研究所文书档案管理办法三（四）至（六）条款执行。

（四）凡属归档范围的科技文件、材料、资料，均须按照要求归档保存，任何个人或部门不得擅自处理和自己保存，更不得据为己有。职工调离、退休和辞职，必须在办理文件归档和归还所借档案手续后，方可办理。

（五）科技文件、材料、资料要内容真实，统一用纸，钢笔书写，字迹图像要清晰工整，时间、地点、作者等内容齐全，便于长久保存和利用。

（六）立卷单位在归档前须填写卷宗目录和移交清单。归档时档案室要根据目录和清单进行核对，目录和移交清单由立卷单位和档案室各存一份。

（七）在对科研成果进行鉴定前，要由档案室工作人员对应归档的科技文件进行检查、验收，并在《科学技术研究档案文件表》上签字、盖章。凡是档案不完整、不准确、不系统的不能鉴定，不能开新课题。

四、管理

（一）档案管理人员对所接收的科技档案，应进行分类、编目、登记，录入档案OA系统，妥善保管，并积极主动地向科技工作者提供科技档案信息资源服务，使科技档案在科学研究、科技开发等各项工作中发挥作用。同时，要对科技档案的利用及效果进行必要的调查和统计。

（二）档案管理人员要定期检查科技档案的保管情况，对于破损或变质的档案，要及时进行修补和复制。

（三）科研课题档案按《农业科研课题档案分类标准》进行分类。

五、鉴定、销毁和借阅

（一）研究所应定期组织对科技档案进行鉴定。由科技管理处负责组织相关专业的科技人员、科技档案工作人员组成鉴定小组。鉴定小组要根据科技档案保管期限表，提出续存或销毁意见。需要销毁的科技档案，必须填写销毁清册，经所长审批，报院档案主管部门备案，并指定专人监销。

（二）部门撤销或变动，其档案须向有关部门办理交接手续。

（三）查阅科技档案要填写借阅登记表；立卷单位只须登记即可借阅；交叉借阅，必须征得立卷单位同意；外单位借阅，必须持单位介绍信，并经主管所长批准。借阅保密科技档案，要经主管所长批准；借阅人应妥善保管档案，保守机密，不得私自转借、拆散和涂改；如需复制和带出档案室，必须经办公室同意；归还档案时，双方必须当面核对清楚。

六、附则

（一）本办法自 2013 年 12 月 10 日所务会讨论通过之日起执行。由办公室负责解释。

（二）附件：科研档案的保管期限表。

附件

中国农业科学院兰州畜牧与兽药研究所

科研档案归档范围和保管期限表

KY1　综合

序号	类目名称	保管期限
1	科研行政管理文件材料	长期
2	科研计划管理文件材料	长期
3	科研成果管理文件材料	长期
4	科研经费管理文件材料	长期
5	申报科学基金及有关批复	长期
6	学会工作（学术活动）材料	短期

KY2 ~ 1　科研准备阶段

序号	类目名称	保管期限
1	开题报告与课题调研论证材料	长期
2	任务书、合同、协议书	永久
3	课题研究计划、设计	长期
4	课题执行情况、调整或撤销报告	短期
5	课题投资和预决算材料	短期

KY2 ~ 2　研究试验阶段

序号	类目名称	保管期限
1	实验、测试、观测、调查、考察的各种原始记录（含关键配方、工艺流程及综合分析材料）	永久

（续表）

KY2～2　研究试验阶段

序号	类目名称	保管期限
2	数据处理材料，包括计算机处理材料（如程序设计说明、框图、计算结果）	永久
3	设计的文字说明和图纸（底图、蓝图、机械设计图、电子线路图等）	永久
4	研究工作阶段小结、年度报告	长期
5	配套的照片、录音带、录相带、幻灯片、影片拷贝等光碟	永久
6	样品、标本等实物的目录	永久

KY2～3　总结鉴定阶段

序号	类目名称	保管期限
1	研究报告	永久
2	论文专著	永久
3	工艺技术报告	永久
4	专家评审意见	永久
5	鉴定会材料（鉴定代表名单、会议记录、鉴定意见）	长期
6	鉴定证书	永久
7	推广应用意见	长期
8	课题工作总结	长期

K2～4　申报奖励阶段

序号	类目名称	保管期限
1	科研成果登记表	永久
2	科研成果报告表	永久
3	科研成果申报奖励与审批材料	永久
4	科研成果获奖材料（奖状、奖章、奖杯、证书等）原件和实物	永久
5	专利证书原件	永久

KY2～5　推广应用阶段

序号	类目名称	保管期限
1	科研成果转让合同、协议书	永久
2	生产定型鉴定材料	永久
3	成果被引用或投产后反馈意见	短期
4	推广应用方案及实施情况	长期

（续表）

KY2～5　推广应用阶段

序号	类目名称	保管期限
5	扩大试生产的设计文件、工艺文件	长期
6	成果宣传报导材料	短期
7	对外学术交流材料	长期

中国农业科学院兰州畜牧与兽药研究所文书档案管理办法

农科牧药办字〔2013〕79号

一、总则

文书档案是研究所档案的重要组成部分，是记载研究所创立、建设、改革与发展的历史，是反映决策与管理工作真实面貌的科学依据，是重要的信息资源和宝贵的精神财富。为了提高文书档案管理水平，使文书档案信息资源更好地为管理、科研开发等各项工作服务，根据《中华人民共和国档案法》和《中国农业科学院文书档案管理办法》，结合研究所实际，制订本办法。

二、归档范围

主要包括研究所在行政管理、科研管理、科技开发、人事管理、国际合作与交流、党的工作、精神文明建设和群众团体活动中形成的文件材料，各种会议的文件材料，包括会议纪要、会议决议与决定、领导讲话、会议通知、会议日程、会议记录、会议名单和典型交流材料等。

三、立卷和归档要求

凡各部门在工作中形成的各类有保存价值的文件、材料、资料均须归档。归档力求案卷数量齐全，立卷合理，符合标准化要求。任何部门或个人不得将应立卷归档的文件、材料、资料据为己有或拒绝归档。各部门应按立卷要求分类立卷，在每年3月底将前一年度立卷资料交档案室归档。

（一）各部门以研究所名义发出的文件、函件及纪要要在加盖印章后，将发文和原稿（含附件）交办公室负责集中立卷、归档。

（二）立卷归档文件材料要齐全完整，禁止使用铅笔、圆珠笔，必须用碳素笔（蓝、黑）书写或打印，要求字迹工整、格式统一，图样清晰。

（三）立卷的材料摆放要分类系统合理，保证文件之间的联系。一般按照顺序或重要程度排列；来文和复文必须在一起；批复在前，请示在后；正文在前，附件在后。做到一事一卷，保证完整无缺。年度计划、总结、预决算、统计报表等文件应归入针对的年度；2年以上的总结、报告、报表，应归入所属年份的最后一年；长期规划应归入针对的头一年；跨年度的文件应归入结束的一年；法规性文件应归入公布实施、试行的一年。

（四）组卷后，按时间顺序排列编写页码，应使用铅笔或碳素笔（蓝、黑）将页码写在文件的右上角，双面印的文件，反面页码应写在左上角，单面印的文件，反面不应编写页码，每卷以150～200页为宜，过厚可采用一题多卷，如卷一、卷二、卷三……每卷均需填写卷内目录。若案卷较薄，可采取一卷多题的办法组卷，但一般每卷不应超过四个问题。

（五）案卷均需用线绳装订成册，去掉金属物（曲别针、大头针、订书针等），装订时将卷内文件的右边和底边理齐，在左侧装订，三孔一线，孔间距为7 cm，扣结在封底。做到不掉页、不倒页、无破损，对破损的文件材料要进行修补。装订既要美观，又要不压字，不妨碍阅读。

（六）案卷封面用毛笔、钢笔或碳素笔（兰、黑）填写，字迹清楚，案卷标题简明，要能概括出卷内文件的主要内容和成分。

（七）根据《文书档案保管期限办法》，由档案室工作人员将组成的案卷划分为永久、长期、短期三种保管期限。

（八）管理部门文书档案案卷务必于翌年6月底以前连同目录向档案室移交归档。移交时交接双方应根据目录清单进行核对，并在移交清单上签字。

四、保管、统计和查阅

（一）档案管理人员对接收的档案应进行科学的分类、整理、排列上架，编制目录并录入到档案OA系统，妥善保管，并积极主动地为各项工作提供利用服务。

（二）为了维护档案安全，档案室应采取防盗、防火、防虫、防鼠、防潮、防尘、防高温等措施。档案管理人员要经常检查档案保管情况，对破损或变质的档案要及时进行修补处理。

（三）档案室应健全档案的统计制度，对档案的收进、移出、利用等情况进行统计。

（四）档案的借阅，应严格执行档案借阅制度。

1. 查阅档案要填写借阅登记表；查阅保密档案，须经主管所领导批准（立卷部门人员不受限制）。部门之间交叉借阅档案时，应征得立卷部门同意方可借阅。外单位借阅档案必须持单位介绍信，并经主管所领导领导批准，方可借阅。

2. 借阅人应妥善保管档案，保守机密，不得私自转借、拆散和涂改。如需复制和带出档案室，必须经办公室同意，归还档案时，双方必须当面核对清楚。

（五）职工调离、退休和辞职，必须在办理文件归档和归还所借档案手续后，方可办理。档案管理人员调动工作时，应在离职前办好工作交接手续。

五、档案的鉴定、销毁和移交

（一）要定期对已超过保管期限的档案进行鉴定、销毁。鉴定工作由办公室负责，组织有关人员成立鉴定小组对已超过保管期限的档案进行审查、鉴定。鉴定工作结束后，应写出鉴定报告，对确无保存价值的档案进行登记造册，经所领导批准后方可销毁。销毁档案应指定专门的监销人，以防止档案的遗失和泄密。监销人要在销毁档案清册上签字。

（二）部门变动时，应对档案做出妥善处理。

1. 部门撤销或合并时，其档案应向档案室移交。没有办理完毕的文件材料，应移交新部门继续处理，并作为新部门的档案保存。

2. 批准恢复和新成立的部门，应从正式行文之日起单独立卷、归档。

3. 各种临时工作部门撤销时，其档案应向有关部门或档案室移交。

六、附则

本办法自 2013 年 12 月 10 日所务会讨论通过之日起执行。由办公室负责解释。

中国农业科学院兰州畜牧与兽药研究所基建档案管理办法

农科牧药办字〔2013〕79号

一、总则

基建档案是指研究所基本建设项目和修缮购置项目，从酝酿、决策到建成投产（使用）的全过程中形成的具有保存和查考价值的文件材料。包括基本建设项目和修缮购置项目的提出、调研、可行性研究、评估、决策、计划、勘测、设计、施工、监理、竣工等活动中形成的文字材料、图纸等文件材料。根据《中华人民共和国档案法》和《中国农业科学院基建档案管理办法》，结合研究所实际，制订本办法。

二、归档范围及保管期限

（一）研究所（含试验基地）总体规划图、现状总平面图、房产证、土地证永久保存。

（二）研究所供排水线路图、电路布置图（含地下电缆图）、燃气管线图、供暖管道图及其他隐蔽工程分布图等长期保存。

（三）单项工程的请示、批复，已批准的设计任务书、工程概算、设计图纸、图纸会审纪要及基建工程进行的地质、水文、地震勘测文件长期保存。

（四）施工合同、预算、施工记录、施工质量检查记录、隐蔽工程记录、施工中重大事故调查分析及其处理报告、更改通知单、施工技术总结长期保存。

（五）竣工验收证明书，验收报告，建筑、结构、水、电、暖、下水和道路的竣工图，工程预决算，附属工程预算，水电预决算，工程质量鉴定书长期保存。

（六）房屋加固、改建、扩建、维修的更改图和有关的文件材料。水、电、下水系统的更改图和竣工图两套长期保存。

（七）征用土地报告、批文、协议、拆迁、地界划分、土地借用、互换割让等文件材料永久保存。

三、立卷、归档要求

（一）基建档案由条件建设和财务处和项目组负责立卷、归档后编制移交清册，移交档案室统一保管。收集工作要与项目建设进程同步，项目申请立项时，即应开始进行文件材料的积累、整理、审查工作。项目验收后，完成文件材料的归档工作。

（二）归档的文件材料要字迹清楚，图面整洁，不得用易褪色的书写材料书写、绘制。

四、销毁和查阅

（一）对超过保管期限的基建档案，由条件建设和财务处组织有关专业人员进行鉴定，对于具有继续保存和利用价值的档案，要重新整理编目；对已失去保存价值的档案，须经所领导审批，并履行登记造册手续后方可处理。

（二）具有密级的基建档案应按中国农业科学院档案保密规定进行管理。

（三）基建档案的保管期限分为：永久、长期、短期三种。长期保管的基建档案实际保管期限不得短于建设项目的实际寿命。

（四）基建档案的借阅，应严格执行档案借阅制度。

1. 查阅档案要填写借阅登记表。外单位借阅档案必须持单位介绍信，并经所领导批准，方可借阅。

2. 借阅人应妥善保管档案，保守机密，不得私自转借、拆散和涂改。如需复制和带出档案室，必须经办公室同意，归还档案时，双方必须当面核对清楚。

（五）职工调离、退休和辞职，必须在办理文件归档和归还所借档案手续后，方可办理。

五、附则

本办法自2013年12月10日所务会讨论通过之日起执行。由办公室负责解释。

中国农业科学院兰州畜牧与兽药研究所会计档案管理办法

农科牧药办字〔2013〕79号

一、总则

会计档案是指会计凭证、会计账簿和财务报告等会计核算专业材料，是记录和反映研究所经济业务的重要史料和证据。为了加强研究所会计档案管理工作，根据《中华人民共和国档案法》和《中国农业科学院会计档案管理办法》，结合研究所实际，制订本办法。

二、归档范围

主要包括会计凭证、会计账簿和会计报表等会计核算专业材料。

（一）会计凭证类：原始凭证，记账凭证，汇总凭证，其他会计凭证。

（二）会计账簿类：总账，明细账，日记账，辅助账簿，其他会计账簿。

（三）财务报告类：月度、季度、年度财务报告，包括会计报表、附表、附注及文字说明，其他财务报告。

（四）其他类：银行存款余额调节表，银行对账单，合同书、协议书，其他应当保存的会计核算专业资料。

三、立卷、归档要求

（一）当年形成的会计档案，由条件建设与财务处按照归档要求，负责整理立卷，装订成册，编制会计档案保管清册。在会计年度终了后，暂由条件建设与财务处保管二年，期满后由条件建设与财务处编制移交清册，移交档案室统一保管。出纳人员不得监管会计档案。

（二）会计档案要列明案卷题名、卷号、册数、起止年度、保管期限。

（三）会计档案的保管期限分为永久、定期两类。定期保管期限分为3年、5年、10年、15年和25年5类。会计档案的保管期限，从会计年度终了后的第1天算起。会计凭证（包括原始凭证和记账凭证）一般保管15年；会计账簿一般保存15～25年；会计报表中的年度会计报表（决算）需永久保存；月度、季度会计报表保存5年。

（四）采用电子计算机进行会计核算的，应当保存打印出的纸质会计档案。

（五）预算、计划、制度等文件材料，应当执行文书档案管理规定。

四、销毁和查阅

（一）对保管期满需要销毁的会计档案，由办公室会同条件建设与财务处共同鉴定，确认其无保存价值时提出销毁意见，编制会计档案销毁清册，列明销毁会计档案的名称、卷号、册数、起止年度和档案编号、应保管期限、已保管期限、销毁时间等内容，经所长审批，并在会计档案销毁清册上签署意见后予以销毁。销毁时应由办公室和条件建设与财务处共同派人监销，监销人在销毁会计档案前，应当按照会计档案销毁清册所列内容清点核对所要销毁的会计档案；销毁后，应当在会计档案销毁清册上签名盖章，并将情况报告本单位领导。销毁清册要归档保存。

（二）会计档案的借阅，应严格执行档案借阅制度。

会计档案不得借出。如有特殊需要，经所长批准，可以提供查阅或者复制，并办理登记手续。查阅或复制会计档案的人员要负责保密和保管，严禁私自转借、拆散、涂改、拆封和抽换。

（三）职工调离、退休和辞职，必须在办理文件归档和归还所借档案手续后，方可办理。

五、附则

本办法自 2013 年 12 月 10 日所务会讨论通过之日起执行。由办公室负责解释。

中国农业科学院兰州畜牧与兽药研究所仪器设备档案管理办法

农科牧药办字〔2013〕79 号

一、总则

仪器设备档案是指研究所在科研、管理及服务等各项工作活动中购置的大中型设备或贵重设备、精密仪器、仪表等具有保存、查考价值的文件材料。根据《中华人民共和国档案法》和《中国农业科学院仪器设备档案管理办法》，结合研究所实际，制订本办法。

二、归档范围

包括申请购置仪器设备的请示、批复；调研考察材料；购置合同、协议与外方谈判洽谈记录、纪要、备忘录、来往函件及商检材料；仪器设备开箱验收记录；仪器设备合格证、装箱单、出厂保修单、说明书等随机图样及文字材料（原文和译文）；仪器设备安装调试、试机记录、总结、竣工图样、检测验收报告等；运行记录及重大事故分析处理报告；仪器设备保养和大修计划、记录；仪器设备检查记录及履历表；设备改造记录和总结材料；仪器设备报废鉴定材料、申请、批复和处理结果；技术、质量上的异议处理结果材料。

三、立卷、归档要求及保管期限

（一）仪器设备档案收集工作要与购置设备仪器工作的进程同步。申请立项时，即应开始进行文件材料的积累、整理、审查工作；验收时，完成文件材料的归档和验收工作。归档的文件材料按单机立卷归档。

（二）仪器设备档案由采购部门或课题组负责立卷、归档后编制移交清册，移交档案室统一保管。

（三）仪器设备档案保管期限分为永久、长期、短期三种。保管期限依据该设备的使用寿命和使用价值而定，长期保管的仪器设备档案实际保管期限不得短于仪器设备的实际寿命。

四、销毁和查阅

（一）对超过保管期限的仪器设备档案必须组织有关专业人员进行鉴定，对于具有继续保存和利用价值的档案，要重新整理编目；对已失去保存价值的档案，应经过所领导审批，并履行登记造册手续后方可处理。

（二）仪器设备档案的借阅，应严格执行档案借阅制度。

1. 查阅档案要填写借阅登记表。外单位借阅档案必须持单位介绍信，并经主管所领导批准，方可借阅。

2. 借阅人应妥善保管档案，保守机密，不得私自转借、拆散和涂改。如需复制和带出档案室，必须经办公室同意，归还档案时，双方必须当面核对清楚。

（三）职工调离、退休和辞职，必须在办理文件归档和归还所借档案手续后，方可办理。

四、附则

本办法自2013年12月10日所务会议讨论通过之日起执行。由办公室负责解释。

中国农业科学院兰州畜牧与兽药研究所声像和照片档案管理办法

农科牧药办字〔2013〕79号

一、总则

声像档案是指研究所科学研究、学术交流及其他活动中产生的具有保存价值的多种载体形式的文件材料，包括录音带、录像带及相关的文字材料。照片档案是指在科研、管理、开发服务等社会活动中直接形成的，有保存价值的以感光材料为载体，以影像为主要反映方式的历史记录。照片档案包括底片、照片、电子版和文字说明。根据《中华人民共和国档案法》《中国农业科学院声像档案管理办法》和《中国农业科学院照片档案管理办法》，结合研究所实际，制订本办法。

二、归档范围及保管期限

（一）反映研究所主要业务活动和工作成果录音、录像和照片永久保存。

（二）上级领导和著名人物来所视察和检查指导工作及参加重大活动的录音、录像和照片永久保存。

（三）研究所领导和科学家等参加重大活动的录音、录像和照片长期保存。

（四）研究所重大外事活动的录音、录像和照片长期保存。

（五）记录研究所重大事件的录像和照片长期保存。

三、立卷、归档要求

（一）声像档案：

1. 录音、录像带要编制目录，按先后顺序标注每项内容的时间、地点、人物、主要内容。要注明每项内容的播放长度。录像带要附文字说明。保存与管理要符合国家规定的标准，要注意防盗、防火、防磁化等安全工作。

2. 声像档案由研究所录制部门按国家规定的标准要求制作，编制移交清册，移交档案室统一保管。

（二）照片档案：

1. 照片冲洗加工后，由摄影者或部门整理并编写说明，随立卷单位其他载体的档案同时归档。

2. 照片档案要编写文字说明。一般应以照片的自然张为单元编写说明，一组（若干张）联系密切的照片应加以总说明。文字说明的成分包括事由、时间、地点、人物、背景、摄影者等六要素，要能概括地揭示照片影像反映的全部信息，文字简洁、语言通顺，一般不超过200字，用阿拉伯数字表示时间，年、月、日用“.”表示。

3. 照片要组成案卷，案卷题名应概括卷内全部照片的基本主题。

4. 照片的分类应按年代、问题进行分类，分类要保持前后一致，不能随意变动。

5. 卷内照片要编写顺序号，不得出现重编、漏编及空号。

6. 卷内目录以照片的自然张或有总说明的若干张为单元填写。

四、查阅

（一）查阅档案要填写借阅登记表。外单位借阅档案必须持单位介绍信，并经主管所领导领导批准，方可借阅。

（二）借阅人应妥善保管档案，保守机密，不得私自转借、拆散和涂改。如需复制和带出档案室，必须经办公室同意，归还档案时，双方必须当面核对清楚。

（三）职工调离、退休和辞职，必须在办理文件归档和归还所借档案手续后，方可办理。

五、附则

本办法自2013年12月10日所务会议讨论通过之日起执行。由办公室负责解释。

中国农业科学院兰州畜牧与兽药研究所干部人事档案管理办法

农科牧药人字〔2014〕26号

第一章　总　则

第一条　为进一步加强研究所干部人事档案管理工作，推进干部人事档案工作的制度化、规范化建设，根据《中华人民共和国档案法》《干部档案工作条例》《农业部干部人事档案管理办法》，结合本所实际，制订本管理办法。

第二条　在人事档案管理工作中，必须严格贯彻执行党和国家有关档案保密的法规和制度，确保档案的完整与安全。

第三条　本办法适用于研究所职工档案管理工作。

第二章　管理范围

第四条　干部人事档案按照干部管理权限进行管理。

第五条　职工退（离）休后，其档案由研究所保管。

第六条　职工出国（境）不归、失踪、逃亡以后，其档案由研究所保管。

第七条　职工退职、自动离职后，其档案由研究所保管。辞职、辞退（解聘）的，其档案转至有关的组织、人事部门保管，不具备保管条件的，转至人才交流服务中心保管。

第八条　人事档案管理人员、人事部门负责人及其在本单位的直系亲属的档案，由研究所主要领导负责保管。

第三章 收集归档

第九条 人事档案材料形成部门，必须按照有关规定规范制作干部人事档案材料，建立档案材料收集归档机制，在材料形成之日起一个月内按要求送交干部人事档案管理部门并履行移交手续。

第十条 为了使人事档案能够适应工作的需要，要经常通过有关部门收集干部任免、调动、考察考核、培训、奖惩、职务职称评聘、工资待遇等工作中新形成的反映职工德、能、勤、绩的材料，充实档案内容。

第十一条 成套档案材料必须齐全完整，缺少的档案材料应当进行登记并及时收集补充。

第十二条 干部人事档案管理部门，必须严格审核归档材料，重点审核归档材料是否办理完毕，是否对象明确、齐全完整、文字清楚、内容真实、填写规范、手续完备。

第十三条 归档材料一般应为原件。证书、证件等特殊情况需用复印件存档的，必须注明复制时间，并加盖公章。

第十四条 干部人事档案的归档范围严格按照《农业部干部人事档案管理办法》（农办人〔2011〕32 号）规定执行。

第十五条 干部人事档案材料的载体使用 16 开型或国际标准 A4 型的公文用纸，材料左边应当留有 20～25mm 装订边。归档材料必须为铅印、胶印、油印、打印或者用蓝黑、黑色墨水、墨汁书写。

第四章 保管与利用

第十六条 按照安全保密、便于查找的原则对干部人事档案进行保管。

第十七条 干部人事档案保存应有坚固、防火、防潮的专用档案库房，配置铁质的档案柜。库房内应保持清洁、整齐和适宜的温湿度。

第十八条 档案卷皮、目录和档案袋的样式、规格，实行统一的制作标准。

第十九条 干部人事档案应建立档案登记和统计制度。每年全面检查核对一次档案，发现问题及时解决。

第二十条 查阅干部人事档案时，查阅部门应填写《查（借）阅干部人事档案审批表》(附后)，经部门负责人签字，主管所领导审批后方可查阅。

第二十一条 查借阅干部人事档案人员必须严格遵守以下纪律：

（一）任何人不得查阅本人及其有夫妻关系、亲属关系的干部档案。

（二）查借阅人员必须严格遵守保密制度，不得泄露或擅自对外公布干部档案内容。

（三）查借阅人员必须严格遵守阅档规定，严禁涂改、圈划、污损、撤换、抽取、增添档案材料，未经档案主管部门批准不得复制档案材料。

第五章 档案转递

第二十二条 干部人事档案应严密包封，通过机要交通渠道转递或派专人传送，不准邮寄或交本人自带。如外单位派专人来提取，必须持组织或人事部门出具的介绍信，一般介绍不予办理。

第二十三条 转出档案必须按规定认真整理装订，确保档案内容完整齐全。

第二十四条 转递档案必须制作档案转递单，收到档案经核对无误后，在档案转递单回执上签名盖章并将回执退回。逾期一个月未退回者，转出单位应及时催问，以防丢失。

第二十五条 干部辞职、辞退（解聘）以后，应及时将其档案转出。

第六章 附 则

第二十六条 本办法自2013年12月10日所务会议通过之日起执行。

中国农业科学院兰州畜牧与兽药研究所联村联户为民富民行动实施方案

（农科牧药办〔2012〕25号）

为认真贯彻落实甘肃省委在全省开展以单位联系贫困村、干部联系特困户为主要内容的“联村联户、为民富民”行动的重大决策部署，确保“联村联户、为民富民”行动扎实有效开展，根据《中共甘肃省委关于在全省开展“联村联户、为民富民”行动的意见》精神，结合研究所工作实际，制订如下实施方案。

一、指导思想和基本原则

（一）指导思想：坚持以邓小平理论和“三个代表”重要思想为指导，深入贯彻落实科学发展观，以联村联户为载体，以为民富民为目的办实事、解难题，使广大干部受教育、人民群众得实惠、社会建设更和谐，促进农村经济社会更好更快发展，努力实现全面建设小康社会的目标。

（二）基本原则：

1. 上下联动，全员参与。研究所各部门和全体干部都要积极参与此项行动，所属各部门联系贫困村、干部个人联系特困户。

2. 结合优势，发挥特长。立足研究所在科学研究、人才培养和服务“三农”方面的优势，结合联系村实际开展工作。

3. 重点突破，综合带动。因村因户制宜，抓好试点，典型示范，以点带面，推动联系村全面发展。

4. 形式多样，务求实效。通过需求评估、科技培训、争取项目等多种形式，尽心尽力而为，帮助群众解决实际困难。

5. 稳步推进，长期坚持。立足“十二五”规划和全面建设小康社会目标的实现，建立长效工作机制，坚持不懈、持之以恒地开展下去，不脱贫，不脱钩。

二、主要目标和重点任务

开展“联村联户、为民富民”行动，要以科学发展观为指导，以联村联户为载体，以为民富民为目的，围绕宣传政策、反映民意、促进发展、疏导情绪、强基固本、推广典型等六大主要任务，明确责任要求，发挥研究所人才和科技优势，创新工作举措，扎扎实实把各项工作落到实处，使广大干部受教育、人民群众得实惠、“三农”发展上台阶、基层基础更牢固。

三、参与范围、联系方式和方法步骤

（一）参与范围：所属各部门和全体干部。部门联系贫困村，干部联系贫困户。按照甘肃省委双联办关于印发单位联系村干部联系户任务分配表，研究所联村联户行动联系点为甘南藏族自治州临潭县新城镇南门河村、肖家沟村和红崖村。三个行政村共计718户，2891人。其中，贫困户583户，贫困人口2436人。详情见附件《研究所“联村联户、为民富民”行动联系点临潭县新城镇三个行政村基本情况》。

（二）联系方式：建立“三位一体”联系方式，即所领导加四个部门与一个贫困村结对联村，干部个人随部门确定联系的特困户。按一次确定联系对象、分期分批进村入户的方式进行，保持全年联系工作不断，逐步建立长效工作机制。具体分工见《研究所联村联户任务分解表》。

（三）方法步骤：开展“联村联户、为民富民”行动分学习动员、调研摸底、确定联系村户、进村入户等阶段进行。研究所各部门和全体干部要认真学习《中共甘肃省委关于在全省开展“联村联户、为民富民”行动的意见》等文件精神，充分认识“联村联户、为民富民”行动的意义。由所领导带队，开展前期调研摸底工作，摸清摸透联系村组和特困户的基本情况，掌握第一手资料和信息。在此基础上研究制定实施方案和进村入户计划，分期分批进村入户开展帮扶工作。

为了切实解决群众生活困难，增加农民收入，使贫困村脱贫致富奔小康，根据调研摸底情况，结合当地生产实际，研究所主要从以下三个方面做好“联村联户、为民富民”工作。

1. 南门河村村民普遍养殖牛羊，且具有一定规模。因此，该村“联村联户、为民富民”工作的重点是牛羊养殖和疫病防治综合配套技术培训和技术服务，缩短养殖周期，提高牲畜的出栏率和商品率，增加畜牧业经济效益。

2. 肖家沟村拥有民营企业－临潭县高原绿色食品厂，主要利用当地种植的青稞、野燕麦生产野燕麦营养粥、青稞麦索等产品。因此，该村“联村联户、为民富民”工作的重点是通过寻找适合当地种植的野燕麦和青稞品种，并帮助该企业拓宽销售渠道，解决经营管理和加工技术问题，提升经济效益，以此带动该村及周边农民农产品生产和销售，帮助农民脱贫致富。

3. 红崖村饮水工程管道已入户，但缺乏水源；当地种植的油菜品种退化严重，产量低。因此，该村“联村联户、为民富民”工作的重点是筹措资金，为该村打井解决人畜饮水问题；购进适应当地气候条件的优质油菜种子。

四、组织领导和工作要求

（一）加强组织领导：为确保“双联”行动有序开展，达到预期目的。成立研究所“联村联户、为民富民”行动领导小组，由杨耀光副所长任组长，王学智、赵朝忠任副组长，杨振刚、肖堃、阎萍、杨博辉、高雅琴、董鹏程、王瑜、孔繁矼为成员。领导小组下设办公室，挂靠所办公室，负责日常工作。

（二）统筹协调安排："联村联户、为民富民"行动参与人数多，涉及面广，持续时间长。要做到"三个统筹协调"：一是统筹协调好与地方各级政府的关系，形成工作合力；二是统筹协调好研究所中心工作与"双联"工作的关系，做到中心工作与"双联"工作两不误；三是统筹协调好研究所、部门和个人的联村联户工作，整合资源，协调推进，统一安排，统一行动。

（三）严明纪律要求：进村入户干部要认真履职尽责，严格执行省委提出的"八个不准"要求，即不准向基层群众提任何不合理要求，不准接受基层的吃请和报销开支，不准收受基层馈赠的钱物和土特产，不准参与公款娱乐消费，不准包办代替基层组织的日常工作，不准违背群众意愿、侵害群众利益、有违当地风俗习惯，不准干扰村民正常的生产生活秩序，不准层层陪同和迎送。进村入户干部原则上住在村里，村里确有困难的协调新城镇统一安排食宿。

（四）建立责任机制：各部门和全体干部要高度重视"联村联户、为民富民"行动，明确责任，认真落实，协调行动，积极开展"双联"工作。原则上各部门全年进村帮扶活动不少于4次，累计时间不少于1个月；干部入户不少于2次，累计时间不少于1周。按照研究所实施方案的要求和部署，分期分批进村入户时，要调整安排好本职工作，不能推诿拖延。近年来研究所招录的工作人员必须随队进村入户。确保"联村联户、为民富民"行动健康有序、扎实有效开展。

中国农业科学院兰州畜牧与兽药研究所重点部门安全应急预案

（农科牧药办〔2007〕87号）

为营造安全、和谐、稳定的科研工作环境，迎接国庆的到来和党的十七大胜利召开，根据中国农业科学院《关于转发〈农业部办公厅关于做好党的十七大国庆节期间安全保卫和安全生产工作的通知〉的通知》（农科办人［2007］128号）文件精神，结合研究所部门分布特点和实际，特制订重点部门安全应急预案。

一、组织机构及职责

成立研究所重点部门突发安全事故应急处理领导小组，统一指挥和组织研究所突发安全事故的应急处理工作。

重点部门突发安全事故应急处理领导小组组成如下：

组　长：杨志强

副组长：杨耀光

成　员：杨振刚　赵朝忠　袁志俊　王学智　张　凌　苏　鹏

王成义　孔繁矼　梁剑平　时永杰　白学仁　杨世柱

下设重点部门突发安全事故应急处理领导小组办公室，负责协调应急事件处理工作。办公室挂靠研究所办公室。

设立突发安全事故报告联系电话：

杨志强（13993188818）　杨耀光（13993188808）　杨振刚（13919354096）

赵朝忠（13919404980）　袁志俊（13919212907）　王学智（13893322827）

张　凌（13893227390）　苏　鹏（13919351786）　王成义（13893297232）

孔繁矼（13038753998）　梁剑平（13008781170）　时永杰（13993188665）

白学仁（13369317046）　杨世柱（13008705876）

根据研究所突发安全事故应急的需要，领导小组可以随时调集人员，调用物资及交通工具，全所上下必须全力支持和配合。

二、范围

房产部伏羲宾馆、药厂生产车间及药品库、新兽药工程重点实验室化学易燃易爆品和农业部兰州黄土高原野外观测试验站安全防火、大院安全等。

三、安全事故报告及处理程序

（一）报告制度实行部门主要责任人负责制。

（二）发生或接到突发安全事故信息后，岗位值班人员必须在3～5分钟内向部门主管领导报告，5～10分钟内向研究所突发安全事故应急处理领导小组办公室报告，并及时向公安、消防、急救中心等相关部门报案请求援助。本着“先控制、后处置、救人第一、减少损失”的原则，果断处理，积极抢救，保护好研究所贵重物品，维护好现场秩序，做好事故现场保护工作。

（三）上报研究所突发安全事故有关材料，做好善后处理工作。

（四）对缓报、瞒报、延误有效抢救时间造成严重后果的将予以纪律处分。

（五）认真总结，吸取教训，严防类似事件的发生。发生安全事故的部门要写出书面自查报告报研究所突发安全事故应急处理领导小组办公室。

四、安全事故应急预案

（一）房产部伏羲宾馆：

1. 制订伏羲宾馆安全管理制度，在服务总台、走廊、房间显眼位置树立警示牌。

2. 发生重大偷盗或重大火灾时，及时将人员转移到安全地方，并迅速将情况报告研究所突发安全事故应急处理领导小组办公室。

3. 及时拨打119、110、120请求援助，保护好事故现场。

4. 采取有效措施，做好善后处置工作。

5. 认真总结，吸取教训，并写出书面自查报告报研究所突发安全事故应急处理领导小组办公室。

（二）药厂库房及生产车间：

1. 制订药厂易燃易爆药品存放管理办法和生产流程管理制度，在显眼位置张贴管理制度或树立警示牌。易燃易爆药品专人管理，定期检查。

2. 发生重大生产安全或重大火灾时，及时将人员转移到安全地方，并迅速将情况报告研究所突发安全事故应急处理领导小组办公室。

3. 及时拨打119、110请求援助，保护好事故现场。

4. 采取有效措施，做好善后处置工作。

5. 认真总结，吸取教训，并写出书面自查报告报研究所突发安全事故应急处理领导小组办公室。

（三）农业部兰州黄土高原野外观测试验站：

1. 制订农业部兰州黄土高原野外观测试验站防火安全制度，在主要位置、主要路段树立警示牌。

2. 发生重大火灾时，及时将人员转移到安全地方，并迅速将情况报告研究所突发安全事故应急处理领导小组办公室。

3. 及时拨打 119 请求援助，保护好事故现场。

4. 采取有效措施，做好善后处置工作。

5. 认真总结，吸取教训，并写出书面自查报告报研究所突发安全事故应急处理领导小组办公室。

（四）新兽药工程重点实验室危险化学品安全事故：

1. 制订中国农业科学院兰州畜牧与兽药研究所危险化学品管理制度，将制度张贴在显眼位置。危险化学品专柜存放，专人管理。

2. 在实验操作过程或实验品存放中发生重大安全事故时，及时将科研人员疏散至安全地段，迅速将情况报告研究所突发安全事故应急处理领导小组办公室。

3. 及时拨打 119、120 请求援助，保护好事故现场。

4. 采取有效措施，做好善后处置工作。

5. 认真总结，吸取教训，并写出书面自查报告报研究所突发安全事故应急处理领导小组办公室。

（五）大院安全

1. 制订研究所大院管理制度，保卫人员随时巡逻。

2. 发生重大偷盗、人身安全或重大火灾事故时，及时将人员转移到安全地方，并迅速将情况报告研究所突发安全事故应急处理领导小组办公室。

3. 及时拨打 119、110、120 请求援助，保护好事故现场。

4. 采取有效措施，做好善后处置工作。

5. 认真总结，吸取教训，并写出书面自查报告报研究所突发安全事故应急处理领导小组办公室。

五、附则

本应急预案自公布之日起实施。

中国农业科学院兰州畜牧与兽药研究所科研楼管理暂行规定

（农科牧药办〔2009〕22号）

为加强科研楼的科学管理，树立研究所良好形象，营造整洁、文明、有序的办公、科研环境，特制订本规定。

一、工作秩序

第一条 楼内工作人员要严格执行工作时间，不迟到、不早退。

第二条 工作时间不得大声喧哗，不得穿带有铁掌的鞋进入科研楼。

第三条 楼内工作人员不得随意将子女带入科研楼内玩耍、上网。

第四条 工作人员在科研楼工作时间要衣着整齐。衣着不整者，禁止进入楼内。

第五条 进实验室工作人员须穿工作服戴工作帽。

二、门卫管理

第六条 楼内工作人员应尊重、服从门卫执勤管理。执勤门卫应做到认真值守，文明执勤。

第七条 科研楼每日7：00开门，22：30分门卫逐层巡查清楼，23：30分关闭。电梯运行时间：周一至周五上午8：00至12：30分，下午2：00至6：30分，节假日停止运行。

第八条 春节、国庆等长假期间，科研楼实行封闭管理。需要在下班后及节假日加班的工作人员经部门负责人批准到门卫值班室登记备案。

第九条 楼内工作人员，需佩戴工作胸牌进入楼内。

第十条 外单位来访人员需向门卫说明到访的部门和事由等，持有效证件在接待室登记并电话核实可以接待后，方可进入。

第十一条 原则上非工作时间禁止在科研楼内会客，如有特殊情况，需在门卫接待室登记备案后方可进楼。

第十二条 遇有会议和重要活动，承办单位或部门要事前通知门卫按会议、活动要求的时间放行。

第十三条 携带公物或贵重物品出门时，要向门卫出示由相应部门或办公室出具的出门条，门卫验证后放行。

三、环境卫生

第十四条 工作人员要养成文明、卫生的良好习惯，保持工作环境的清洁整齐，自觉维护楼内的秩序和卫生，按指定地点垃圾入箱，不准随地吐痰、乱扔烟头和其他杂物。

第十五条 室内要保持清洁卫生，窗明桌净，物品摆放整齐有序。

第十六条 严禁在楼内乱涂乱画，随意悬挂、堆放物品，严禁将宠物带入楼内。

第十七条 严禁在楼内随意粘贴布告，必要的信息公示、通知等，须在已配备的户外公告栏中张贴或在电子显示屏上发布，公示和通知结束后由相应张贴部门清理。

第十八条 爱护楼内的公共设施设备，发现有损坏要及时报修。

四、安全管理

第十九条 各部门的主要负责人是安全管理第一责任人，要指派专人负责安全工作，落实安全责任制，建立健全安全制度，认真做好各项防范工作，确保安全。

第二十条 工作人员在下班时要关闭电脑，对本办公室内的烟火、水暖、电源、门窗等情况进行检查，在确认安全后方可离开。办公室钥匙要随身携带，不得乱放和外借。

第二十一条 工作人员下班前，要把带密级的文件和资料锁在铁皮柜内，不得放在办公桌上或办公桌的抽屉内。离开办公室时（室内无人）要随手锁门。

第二十二条 办公室内不准存放现金和私人物品。笔记本电脑、照相机等贵重物品要有登记、由专人保管并存放在加锁的铁皮柜中。

第二十三条 办公室、档案室、财务室、贵重仪器设备室等要害部位要按照有关要求落实防范措施。

第二十四条 禁止在楼内使用明火。不得在楼内焚烧废纸等杂物。如需使用明火(如施工用电焊、气焊)，要事先经所保卫科批准，并要有相应的安全防护措施。

第二十五条 各部门要严格管理易燃、易爆和有毒物品。禁止乱拉电线和随意增加用电负荷。

第二十六条 禁止将未熄灭的烟头丢入纸篓或垃圾箱内。

第二十七条 要自觉爱护消防器材和设施，平时不准挪动灭火器材、触动防火设施，更不准以任何借口挪作他用。

第二十八条 各部门要结合工作实际制订突发事件预案，并组织职工学习演练，疏散人员和扑救初期火灾，减少损失。

五、车辆管理

第二十九条 楼内工作人员的机动车辆及到科研楼联系工作人员的机动车辆要停放

在停车线内。

第三十条 进入院内的车辆要按指定地点停车入位，要爱护停车场的设施，维护停车场内的秩序卫生，服从管理人员的指挥。

第三十一条 车内贵重物品要随身携带，禁止将易燃、易爆、有毒物品带入停车场内。

第三十二条 需停在科研楼门前的机动车辆，在车内客人上下车或装卸车上货物后要立即驶离楼门前区域，禁止在楼门前区域长时间停放。

第三十三条 本规定自发布之日起实行，由后勤服务中心负责解释和监督执行。

中国农业科学院兰州畜牧与兽药研究所公共场所控烟管理规定

（农科牧药办〔2012〕34号）

为创造良好的工作生活环境，消除和减少烟草烟雾对人体的危害，确保研究所职工身体健康，推进全民健康生活方式，创造无烟清洁的公共场所卫生环境，特制订本规定。

一、组织领导

成立研究所控烟工作领导小组，制订规章制度，负责组织实施本单位控烟工作。

控烟工作领导小组组长：杨志强

控烟工作领导小组副组长：杨振刚　张继勤

控烟工作领导小组成员：赵朝忠　王学智　肖　堃　梁剑平　时永杰
阎　萍　李建喜　李锦华　苏　鹏　孔繁矼
王　瑜　马安生　屈建民

控烟工作领导小组下设办公室，办公室设在后勤服务中心，具体负责日常工作。

二、控烟区域

研究所所有办公室、会议室、接待室、图书室、阅览室、陈列室、电梯间、卫生间、走廊等场所和设置明显禁止吸烟标志的。

三、宣传活动

（一）利用宣传栏、展板、所内局域网等形式进行控烟宣传。宣传吸烟对人体的危害，宣传不尝试吸烟、劝阻他人吸烟、拒绝吸二手烟等内容。

（二）采用控烟讲座、宣传资料发放等形式向职工进行宣传教育，让大家知道吸烟危害健康的相关知识，从而积极支持控制吸烟，自觉戒烟。

（三）利用“世界无烟日”开展控烟主题宣传活动，鼓励和帮助吸烟者放弃吸烟。

（四）在控烟区域张贴明显的禁烟标识。

四、控烟监督员和巡视员职责

各处（室）设立控烟监督员一名（由部门第一负责人担任），控烟巡查员一名（由本部门卫生员担任）。

（一）控烟监督员职责：

1. 负责本部门和公共场所的控烟监管工作。

2. 负责对本部门的人员进行督教，宣传吸烟的危害，发现在禁烟场所吸烟的行为及时劝阻。

3. 发现来访、办事人员在禁烟区吸烟的行为，要和蔼有礼貌地对吸烟者进行耐心劝阻，并引导吸烟者到指定区域吸烟。

4. 做好监管工作记录，对存在的问题提出整改措施并监督实施，同时对所管区域的烟头负责清理。

（二）控烟巡查员职责：

1. 负责本部门的控烟巡查工作，每日巡查一次，做好工作记录，及时清理丢弃的烟蒂，并定期向控烟工作领导小组办公室汇报工作情况。

2. 在巡查中发现在禁烟场所吸烟的人员应及时劝阻，引导吸烟者到指定区域吸烟，并向其宣传吸烟的危害。

3. 掌握本部门控烟设施情况，如禁烟标识有无破损、脱落，有无不规范标识等，并随时向控烟工作领导小组办公室办报告。

五、考核评估标准与奖惩

本单位工作人员应自觉遵守单位控烟管理规定，自觉戒烟，劝诫他人不抽烟是每位干部职工应尽的义务。所控烟工作领导小组结合研究所卫生评比活动每月组织检查考评1次。

（一）本单位人员不得在禁烟场所吸烟，发现1次扣1分，可累加。

（二）控烟领导小组成员、监督员、巡查员或部门领导违反上述规定的，发现1次扣3分可累加。

（三）对在禁止吸烟场所吸烟的人，单位所有人员均有权劝阻，劝其离开禁烟区或请相关人员协助处理。如发现未予干涉或劝阻则扣部门考核分1分/次。

（四）个人年内违反控烟管理规定，扣分达10分及以上的年度考核不得评为优秀；部门3次考核排名后3位的不能推荐参加研究所文明处室评比。

（五）年底对部门控烟情况进行总结表彰，对控烟工作做得出色的部门给予奖励。

六、附则

本管理规定自2012年2月8日起执行，由研究所所后勤服务中心解释。

中国农业科学院兰州畜牧与兽药研究所公用设施、环境卫生管理办法

农科牧药办字〔2013〕50号

一、保持良好的卫生环境、爱护公用设施，是全所职工和住户应尽的义务和责任，要增强责任感，自觉规范自己的行为。

二、自觉维护公共卫生和公用设施，不随地吐痰，不乱扔果皮、烟头、纸屑等废弃物，不乱贴乱画，楼道或大厅内严禁乱堆乱放杂物。

三、研究所大院内的环境卫生、绿化、楼道亮化和电子防盗门等公共场所和设施，由后勤服务中心指定专人负责。大院环境卫生要坚持每日清扫，全天保洁，及时清运垃圾和清扫厕所，清除便纸，消除臭气，保持空气清新；楼道照明和电子防盗门等公用设施要及时维修；夏季要做好杀虫和消灭蚊蝇等工作。对于本所直接管理的环卫、绿化人员由后勤服务中心实行合同管理。

四、各部门要保持所属办公室、实验室等区域地、墙、门、窗、办公用具、实验器材洁净。研究所卫生检查评比小组每月进行一次检查，评比结果与年底部门考评挂钩。

五、参照《甘肃省物业服务收费管理实施办法》，结合我所实际，凡居住在研究所大院内的住户，按照房屋面积每月收取0.2元/m^2的卫生、公用设施维护费。研究所职工从当月本人工资中扣除，其他住户按年度一次性收缴，对拒不交纳者将不允许水电卡充值。

六、根据兰州市物价局《关于兰州城市垃圾处理费征收标准的通知》规定，凡居住在研究所大院内的住户，按照每户每月5元交纳垃圾处理费。研究所职工每年7月份从本人工资中一次性扣除，其他住户按年度一次性收缴，对拒不交纳者将不允许水电卡充值。

七、大院内各经营实体参照《甘肃省物业服务收费管理实施办法》、兰州市物价局《关于兰州城市垃圾处理费征收标准的通知》等，由住户交纳卫生费和垃圾处理费。

八、住户装修房屋的建筑垃圾严禁倒入垃圾箱中，违者罚款500.00元，并责令其清理。否则，加倍罚款且清理费用由当事人承担。

九、本办法经2013年8月15日所务会讨论通过，从2013年9月1日起执行，原《中国农业科学院兰州畜牧与兽药研究所环境卫生管理规定》（农科牧药办字［1998］25号文）同时废止，由后勤服务中心负责解释。

中国农业科学院兰州畜牧与兽药研究所大院机动车辆出入和停放管理办法

农科牧药办字〔2013〕61号

第一章 总 则

第一条 为进一步加强研究所大院机动车辆出入和停放管理，维护正常的工作和生活秩序。根据国家法律法规，参照《兰州市机动车停放服务收费管理办法的通知》（兰政发〔2012〕104号）文件规定，结合研究所实际情况，特制订本办法。

第二条 本办法适用于在研究所大院内出入和停放的所有机动车辆（不含两轮和三轮摩托车、电动车）。

第三条 研究所大院指办公区和家属区。

第四条 对进出大院车辆实行分类管理，优先保证公务车辆、持有研究所车辆通行证车辆通行，严格控制社会车辆进入研究所大院。根据大院车位情况，研究所将按研究所职工、职工子女、职工遗属、非研究所职工住户顺序办理车辆通行证。

第五条 研究所各部门公务用车以及所内职工、职工子女、职工遗属、非研究所职工住户、租住户车辆，凭办理的机动车通行证出入。无通行证车辆凭《计时收费卡》或《兰州畜牧与兽药研究所来访车辆登记单》出入。

第六条 研究所保卫科负责大院机动车辆出入和停放秩序管理、车辆通行证的印制、办理、收费、发放以及相关监督检查等。

第二章 车辆通行证的办理

第七条 每年12月1日开始办理下一年度研究所大院车辆通行证，1月1日起停止使用上一年度车辆通行证；按月通行的随时办理。

第八条 研究所职工、职工子女、职工遗属、非研究所职工住户、租住户的机动车辆凭《兰州畜牧与兽药研究所机动车通行证申请表》以及本人《机动车行驶证》《驾驶证》《房产证》原件及复印件、租赁合同办理车辆通行证。

第九条 通行证办理

在研究所大院内无住房的在职职工凭本人有效证件免费办理1个车辆通行证。

在大院内有住房的职工及职工配偶凭本人有效证件每户办理1个车辆通行证，收费30.00元/月（360.00元/年）。

在大院内居住的职工子女、职工遗属凭有效证件每户办理1个车辆通行证，收费60.00元/月（720.00元/年）。

非研究所职工住户、租住户凭有效证件每户只办理一个小型轿车（微货）车辆通行证，收费180.00元/月（2160.00元/年）。在有车位的情况下不再办理第2辆车辆通行证（职工及配偶收费60.00元/月，职工子女或职工遗属住户收费120.00元/月）。

第十条 出入研究所大院车辆应将车辆通行证放在前挡风玻璃左下角，以备查验。

第十一条 车辆通行证按50.00元/张收取押金。车辆通行证丢失的，当事人应立即到研究所保卫科办理挂失和补办，并按50.00元/张（蓝牙）、30.00元/张（计时卡）收取工本费。

第三章 无通行证车辆的管理

第十二条 无通行证的机动车辆在大院内出入和停放的，参照《兰州市机动车停放服务收费管理办法》规定执行，收费标准为：白天（早7：00至晚22：00）实行计时收费，小型汽车3元/小时，1小时以后每小时加收1元；9座或3吨以上汽车4元/小时，1小时以后每小时加收2元；20座或8吨以上汽车5元/小时，1小时以后每小时加收3元；1小时内不足1小时按1小时计。夜间（晚22：00至次日早7：00）实行计次收费，小型汽车3元/辆·次；9座或3吨以上汽车5元/辆·次；20座或8吨以上汽车8元/辆·次。白天和夜间连续停放的累计计费。

第十三条 出租车进院30分钟、小型车辆（微货）进院10分钟之内不收费，超时按规定计时收费。研究所大院内遇婚丧嫁娶的车辆免费。

第十四条 上级部门来所检查指导工作、地方单位来所联系业务、所内举办大型会议等特殊情况，接待单位应事前一天通知保卫科。

第十五条 来所办理公务的车辆，进院时领取计时卡并签写《兰州畜牧与兽药研究所来访会客单》，出门时凭接待部门领导签字的《兰州畜牧与兽药研究所来访会客单》免费。

第十六条 正在执行公务的公安、消防、急救、邮政、工程抢险等特种车辆不受本规定限制。

第十七条 原则上不容许大型客车、大型货车进入大院，若因工作需要进入的，相关单位要事先通知保卫科，由保卫科通知门卫放行，按规定路线行驶，指定地点停放。

第十八条 研究所大院内施工单位的机动车辆，须到保卫科登记备案，按指定路线行驶，拉运渣土时要采取防遗洒措施，造成遗洒的应及时清理。

第四章 行驶和停放管理

第十九条 机动车辆进入大院应听从门卫和保安人员的统一指挥，按交通标识或提示牌的规定要求行驶、停放，应主动接受门卫检查，严格遵守门卫管理制度。

第二十条 在大院内行驶的机动车辆限速每小时 5 公里，严禁超速行驶和超车；严禁在大院内练车、试车、修理车辆；禁止鸣笛和使用车辆音响系统干扰工作和居民生活。

第二十一条 禁止载有易燃、易爆、有毒、放射性等危险物品的车辆在大院内停放。

第二十二条 在大院内停放机动车辆时，必须将车辆停放在停车位内，严禁在主干道、人行道停放机动车辆、堵塞交通出入口，严禁阻塞消防、应急、抢险、救援及垃圾通道。

第二十三条 研究所大院为露天停车，只负责提供停放车位、交通引导、秩序维护和保持环境卫生，不负责保管车辆及车内贵重物品，乘驾人离车时应仔细检查车辆，关好车门车窗，车内的贵重物品要随身携带。

第二十四条 车辆进入大院要减速小心驾驶，损坏公共设施设备的要按价赔偿。要注意保持环境整洁，严禁随地乱扔垃圾杂物。

第二十五条 大院内停车位为公共设施，任何单位和个人不得安装车位锁或占为他用。

第五章 违规处罚

第二十六条 不按规定在大院内行驶和停放机动车辆的，管理人员将在车辆明显位置张贴违章告示告知，同时记录在案，拒不服从管理的，将给予收回车辆通行证、取消办理院内车辆通行证资格、禁止进入大院等处罚。情节特别严重、造成恶劣影响的，报请有关部门追究相应责任。

第二十七条 对编造虚假信息骗取车辆通行证，涂改、借用车辆通行证的，原车辆通行证收回。伪造车辆通行证的，没收假车辆通行证，车主按在大院内已停车 24 小时交纳停车费。

第六章 附 则

第二十八条 本办法经 2013 年 10 月 22 日所务会议讨论通过，从 2013 年 11 月 1 日起执行，原《中国农业科学院兰州畜牧与兽药研究所住宅及工作区车辆出入管理暂行办法》（农科牧药办［2005］2 号）同时废止。

第二十九条 本办法由研究所保卫科负责解释。

兰州畜牧与兽药研究所机动车通行证申请表

申请日期： 年 月 日

<table>
<tr><td colspan="6">申请人信息</td></tr>
<tr><td>姓名</td><td></td><td>工作单位</td><td colspan="3"></td></tr>
<tr><td>通信方式</td><td colspan="3"></td><td>邮政编码</td><td></td></tr>
<tr><td>手机</td><td></td><td>车牌号码</td><td></td><td>车辆型号</td><td></td></tr>
<tr><td>家庭住址</td><td colspan="5"></td></tr>
<tr><td colspan="6">申请理由：
1. 本所职工 2. 大院居民 3. 租住户 4. 其他</td></tr>
<tr><td>本人承诺</td><td colspan="5">1. 自觉遵守《兰州畜牧与兽药研究所大院机动车辆出入和停放管理办法》
2. 主动维护院内车辆通行、停放秩序和环境整洁
3. 服从安保人员管理
4. 研究所大院为露天停车，只负责提供停放车位、交通引导、秩序维护和保持环境卫生，不负责保管车辆及车内贵重物品，乘驾人离车时应仔细检查车辆，关好车门车窗，车内的贵重物品要随身携带
5. 违反以上规定，接受相应处理，造成损失的照价赔偿
本人签字：</td></tr>
<tr><td colspan="6">以下由发证部门填写</td></tr>
<tr><td>审核意见</td><td></td><td>通行证类型</td><td colspan="3">办公区 生活区</td></tr>
<tr><td>备 注</td><td colspan="5"></td></tr>
</table>

注：填妥此表后请携带本人身份证件、汽车行驶证原件及复印件、户口本、租房合同等相关材料到保卫科办理

中国农业科学院兰州畜牧与兽药研究所大院及住户房屋管理规定

农科牧药办字〔2013〕62号

为加强研究所大院生活秩序及住户房屋管理，共同创建和维护文明、平安、卫生、整洁的生活环境，特制订以下管理规定：

一、研究所大院所有住户、租户应维护大院环境卫生和生活秩序，自觉做到不随地丢弃果皮纸屑烟头，不在墙壁上乱涂乱画，不在楼道堆放垃圾杂物，不向窗外抛掷东西，不随地吐痰，不乱停乱放车辆，不破坏公共设施，不搬弄邻里是非，不参与邪教组织等。保持环境整洁，随时打扫楼道擦拭扶梯。

二、房主在房屋出卖或出租时，必须对购买人或承租人进行认真核查，严防无有效身份证明和行迹可疑的人员；房屋出卖或出租都必须在研究所后勤服务中心备案，以备当地公安机关随时检查，否则研究所将拒绝提供水、电、暖等服务。

三、自觉遵守国家法律，维护社会稳定，服从研究所后勤服务中心的管理，按时缴纳水、电、暖、卫生等各种费用，配合研究所和社区的工作。严禁在租房内从事卖淫嫖娼、赌博吸毒、群体混居、打架斗殴、传播邪教、非法传销等活动。对进入大院的可疑人员及发现乱贴广告者，应及时向所保卫科反映。

四、研究所大门门卫、科研大楼门卫实行常年24小时值班制度。门卫（值班员）必须认真履行职责，忠于职守，着装整洁、行为规范；严格执行交接班制度，接班人员未到时交班人员不得离岗；阻止闲杂人员、小商小贩进入研究所大院及科研楼；做好来客、来访人员出入登记；配合公安、交通等部门做好所大门外治安工作。

五、家属院停车收费标准按《中国农业科学院兰州畜牧与兽药研究所大院机动车辆出入和停放管理办法》相关规定执行。

六、房屋装修须知：房主在装修前须到研究所后勤服务中心备案，同时交纳1000元的保证金后方可施工。施工时必须严格遵守以下要求：

（一）严禁破坏建筑主体和承重结构；

（二）不得将没有防水要求的房间或者阳台改为卫生间、厨房间；

（三）不得随意在承重墙上穿洞，拆除连接阳台的砖、混凝土墙体；

（四）严禁随意刨凿顶板及不经穿管直接埋设电线或者改线；

（五）不得破坏或者拆改厨房、厕所的地面防水层以及水、暖、电、煤气等配套设施；

（六）严禁从楼上向地面或下水道抛弃因装饰装修居室而产生的废弃物及其他物品；

（七）装修垃圾应装袋堆放在指定的地方并随时清运，确保楼道和院落卫生，撒落在楼道和院子里的垃圾应主动清扫干净；

（八）装修施工应在上午 7～12 时，下午 14～20 时进行。需要延长时间应征得楼上楼下及邻居同意，不得影响四邻休息；

（九）装修完工经检查没有违反上述要求，押金退回，否则扣除押金抵偿损失，并有权追索不足金额；

（十）研究所大门门卫有权对装修人员及运货车辆出入和垃圾堆放进行管理，相关人员必须服从。

七、家属院禁止豢养大型、烈性犬。住户饲养的宠物，出门时必须用绳索栓系或由主人看护，及时清理自己宠物排泄物，不得在花园草坪内牵遛。因看护不善，造成伤害的，宠物主人负全部责任。对长期无人陪护的猫狗将不定期抓捕，交送宠物救助站。

八、管理好自家的太阳能。因管理不善，造成水大量浪费，给职工的出行和大院环境造成影响的，将处 100 元罚款。

九、倡导大院居民开展健康、文明的全民健身运动，唱歌、跳舞及其他健身活动应尽可能避免影响他人的工作、学习及休息。

十、对于违反本规定的人和事研究所保卫科有权进行干预，对不听劝阻、不服管理的人员，将向当地政府主管部门反映，情节严重的依法裁决。

十一、本规定自 2013 年 10 月 22 日所务会议讨论通过之日起执行。原《中国农业科学院兰州畜牧与兽药研究所职工住房管理暂行规定》（农科牧药办字〔1998〕42 号）同时废止。由研究所后勤服务中心负责解释。

中国农业科学院兰州畜牧与兽药研究所居民水电供用管理办法

农科牧药办字〔2013〕48号

一、管理机构及职责

（一）研究所供用水、电管理机构为后勤服务中心。

（二）管理机构职责：

1. 负责与供水、电管理部门的协调；负责对研究所职工安全用水、电知识教育。

2. 负责研究所范围内蓄水池、配电室等二次供水、供电设备的维护，卡式水、电表的安装、维护和用户管理，保证供用水、电设施正常运行。

3. 负责受理研究所内与供用水、电有关的其他事项。

二、供水电程序

（一）新接用水、用电的用户，须写出书面申请，说明用水、用电目的，用水、用电规模，安装地点，经报批后由后勤服务中心负责安装；大规模用水、用电申请，须报经所领导批准。所需材料费用由用户承担。

（二）新装供水、电用户，必须同时安装用电安全保护装置和卡式水、电表。

三、用水用电管理

（一）用户应爱护供水、供电设施，保证用水、用电范围内线路及设备的正常运行，不得有意损坏。

（二）用户应保证用水、用电范围内线路及设备的原有状况，不得私自改变线路布置，不得私自增加接水、用电点。如果确有需要改变原有线路布置或增加接水、用电点，应按照供水、供电程序，写出书面申请，经报批后由后勤服务中心负责实施，所需材料费用由用户承担。

（三）居民用户不得向第三方转供水、电。

（四）研究所已为全部用户免费更换了卡式水、电表，以后卡式水、电表因故不能使用或因电池电量不足需要更换，由研究所统一购买并负责更换，但费用按进价由用户承担。

（五）居民使用水、电应预先购买。

电费：根据省物价局、省建设厅《关于公布甘肃省物业服务基准价和浮动幅度（暂行）等问题的通知》（甘价服务〔2007〕137号），研究所大院用户在兰州市供电局和兰州市物价局规定的大额用户现行标准0.50元/度的基础上加收0.02元/度的二次供电设施运行费，合计0.52元/度。

水费：根据省物价局、省建设厅《关于公布甘肃省物业服务基准价和浮动幅度（暂行）等问题的通知》（甘价服务〔2007〕137号），研究所大院用户在居民生活用水现行标准1.75元/m^3、居民用水污水处理费0.80元/m^3的基础上加收0.10元/度的二次供水设施运行费，合计2.65元/m^3。

四、违规处理

（一）凡故意损坏供电、供水设施者，必须承担修复费用和由此造成的其他损失。

（二）对私自向第三方转供水、电的用户，将处以500元罚款，并限期拆除转供水、电线路及设备，逾期者加倍罚款。

（三）有窃电行为者，罚款200元，同时窃电者还应补交全年电费，计费方法按全部家用电器用电量两倍的标准计算。

（四）对违规用电且拒不执行有关处理决定者，研究所将停止为其售电，直至改正为止。

（五）因违规用水、用电或窃电造成供水、供电设施损坏、导致他人财产人身受到伤害、引发火灾或造成其他损失的，违规责任人要承担全部责任，并赔偿由此造成的全部损失。

（六）供水、供电管理人员必须做到公正廉洁，不徇私舞弊，不利用岗位之便为自己和其他用户谋取私利，自觉接受用户监督。

五、附则

本办法经2013年8月15日所务会议讨论通过，从2013年9月1日起执行。原《中国农业科学院兰州畜牧与兽药研究所供、用水管理办法》（农科牧药办字［1998］48号）、《中国农业科学院兰州畜牧与兽药研究所供、用电管理规定》（农科牧药办字［1998］36号）同时废止，由后勤服务中心负责解释。

中国农业科学院兰州畜牧与兽药研究所供、用热管理办法

农科牧药办〔2013〕49号

一、管理机构及职责

（一）管理机构：全所供、用热管理机构为后勤服务中心。

（二）管理机构职责：

1. 贯彻执行国家及地方政府有关供、用热的政策，负责与兰州市供热管理部门、兰州市昆仑天然气公司的工作协调与联系。

2. 根据政府供热管理的有关规定，按时保质供热（但对擅自移动、改换用热设施及破坏房屋原设计结构者除外）。

3. 负责本所范围内供、用热设施的安装、维护、锅炉用天然气的预购，保障供、用热设施的正常运行。

4. 负责用户取暖费的统计，联片供热用户的协调、管理和增容费及热费催缴。

5. 负责锅炉房工作人员、供热管理人员的日常管理、培训以及有关用热规章制度的制订。

6. 负责用户用热安全知识的宣传教育。

7. 负责受理有关供、用热其他事宜。

二、供用热管理

（一）用户改装用热设施，须书面申请，说明用热目的、用热规模、改装地点，报后勤服务中心批准；新增、新建用热设施须经所领导批准，由后勤服务中心指派专业人员实施，所需材料费用由用户承担。

（二）用户须积极配合和服从供热管理部门管理，不得自行增加用热设施，严禁从采暖设施中取用热水和增加换热器。对供热管理人员进户检查、维修、更换配件等工作应大力协助与配合，不得无理阻挠。

（三）用户必须爱护供热设施，保证供、用热设施的正常运行，不得人为损坏。发现爆管、漏水等现象，应及时向管理部门反映，由后勤服务中心指派专业人员维修。

（四）供热管理人员、锅炉房工作人员必须做到公正廉洁，不徇私舞弊，不利用岗位之便为自己和其他用户谋取私利，自觉接受用户监督。

三、热费收缴

（一）热源是商品，应有偿使用。取暖费应由使用人或单位全部负担。

（二）取暖费收费标准执行当年省、市政府和物价部门的规定。按用户住房房产证面积收取，若有新的规定应及时调整。

（三）凡居住在研究所有暖气房屋的用户及由研究所供暖的其他用户，都必须按时足额缴纳取暖费，不得拖欠、拒缴。

（四）取暖费由后勤服务中心负责统计，所条件建设与财务处指定专人负责收缴。从研究所职工每年1—3月份工资内扣除，其他用户必须在当年11月1日前全部交清。

（五）研究所凡符合热费补贴的人员，由党办人事处根据兰州市有关规定造册，条件建设与财务处发放。实行收缴、补贴两条线。

四、违章处罚

（一）对未经批准进行改装、安装或造成室内外供热设施损坏、致使其他用户室内热度不达标的单位和个人，除负责全面修复外，并赔偿全部经济损失；造成严重后果的要依法追究当事人责任。

（二）对不服从供热管理部门管理，私自增加供热面积和用热设施者，除补交供热设施增容费40元/m^2外，处以500~1000元罚款。

（三）私自安装放水装置取用热水或安装换热器者，应限期拆除外，并从供热之日起至拆除之日止，按50元/日赔偿热损失。

（四）违反供、用热管理规定，拒不执行有关处理决定的，供热管理部门可拆除其供热设施。被拆除供热设施的用户申请重新供暖，必须承担拆除和安装的全部材料费、劳务费。

五、附则

本办法经2013年8月15日所务会议讨论通过，从2013年至2014年采暖期起执行，原《中国农业科学院兰州畜牧与兽药研究所供、用热管理办法（暂行）》（农科牧药办［2001］86号）同时废止，由后勤服务中心负责解释。

中国农业科学院兰州畜牧与兽药研究所公有住房管理和费用收取暂行办法

农科牧药办字〔2013〕63号

为进一步规范和加强研究所公用住房管理，有效合理使用公房，根据所内现有公房房源情况，特制订本办法。

一、管理机构及职责

（一）研究所公有住房管理机构为后勤服务中心。

（二）管理机构职责：

1. 负责公有住房基础设施建设、安装、维修和养护。

2. 负责安排相关人员入住公有住房。

二、公有住房管理

（一）人员范围及分类入住：

1. 研究所引进的青年英才、留学回国人员、具有副高以上技术职务的人员安排住房。

2. 招录、招聘来所工作且家在兰外的应届高等院校毕业生和其他人员，研究所根据现有公用住房房源情况安排住房，博士后、博士毕业生优先。

3. 由中国农业科学院研究生院招收的在读研究生，按每间2～3人安排住宿，并配备必要的生活、学习、住宿用具。学习期满，离所前交回本人领用（配备）的生活、学习、住宿用具，否则按原价收取相应费用。

4. 到我所挂职的人员安排住宿。

5. 研究所聘用的长期临时工和季节性临时工安排住宿。

（二）公用住房实行有偿入住。凡入住者（我所挂职的人员除外）应从入住当日起按4.64元/月·m^2的交纳房租，按研究所现有规定缴纳水、电、暖、卫生、垃圾处理费等费用。长期临时工和季节性临时工水、电、暖实行限额使用，超额部分由自己承担。

（三）现住公用住房的单身职工结婚后，须交回分配给的宿舍床位、钥匙、学习、住宿等用具。

（四）凡居住在公用住房的人员，必须遵守研究所的管理制度，住宿期间保证水、电、暖等设施的安全与使用，爱护公共财物，不得人为损坏，不得转让、出租和留宿他人。

（五）对不服从分配或强占房屋者，应限期交回居住的房屋，拒不执行者将诉诸法律，并从占用之日起按5倍交纳房租。

（六）入住者须与研究所签订住房协议。

三、附则

本办法自2013年10月22日所务会议讨论通过之日起执行。原《中国农业科学院兰州畜牧与兽药研究所公有住房管理和费用收取暂行办法》（农科牧药办［2007］25号）同时废止。本办法由后勤服务中心负责解释

四、财务和条件建设管理办法

中国农业科学院兰州畜牧与兽药研究所财务管理办法

（农科牧药办〔2005〕59号）

第一章　总　则

第一条　为了适应社会主义市场经济体制和深化科技体制改革的需要，规范财务行为，加强财务管理与经济核算，建立和完善各项规章制度，促进研究所各项事业健康发展，依据科技部、财政部颁布的《关于非营利性科研机构管理的若干意见》和《科学事业单位会计制度》等规定，结合研究所实际，制订本办法。

第二条　财务管理的基本要求是：认真执行国家有关法律、法规、财务规章制度，严肃财经纪律；坚持勤俭办所的方针，坚持增产节约、增收节支的原则，合理有效地筹集和运用资金，加强和改善宏观调控；正确处理事业发展需要与资金供给的关系，社会效益与经济效益的关系，国家、单位和个人三者利益的关系。

第三条　财务管理的主要任务是：健全财务管理体制，理顺财务关系；科学编制预算，合理配置资金；依法组织收入，努力节约支出；建立健全财务规章制度，规范内部经济秩序；加强经济核算和资产管理，提高资金使用效益；如实反映单位财务状况，加强单位经济活动过程的预测、控制和监督。

第二章　会计机构和会计人员

第四条　依据《中国农业科学院会计规范》第六条的规定：“研究所必须设置独立的会计机构，由一名理事长（所长）直接领导，不得附属于其他部门”。研究所设置财务科，由所长直接领导。

第五条　财务科长必须具有助理会计师以上专业技术资格。

第六条 财务科长必须具备下列条件：坚持原则，廉洁奉公；主管过一个单位或单位内一个重要方面的财务会计工作2年以上；有较系统的财务会计理论和专业知识；有较高的政策水平和丰富的财务会计工作经验；有较强的组织能力，能胜任本单位的财务会计工作。

第七条 财务科长在所长的领导下，具体负责财务会计工作，制订本单位财务管理细则或办法，建立健全经济核算责任制度和本部门的岗位责任制度，负责主持编制单位的财务预、决算，参与科研项目的财务预算编制，负责主持编制科研项目财务决算，监督科研、生产、经营过程中的经费收支计划执行情况；合理使用资金，调配资金，争取创造较好的经济效益。

第八条 财务科长有权对科研经费、生产经营以及经济合同等经济事项进行参与、审查和监督，对不符合财经方针、政策，不讲求经济效益、不执行计划、经济合同和违反财经纪律事项有权制止，如制止无效，应报告所领导。

第九条 配备会计人员的基本条件：具有良好的职业道德和高度的责任心；财会中专以上毕业或具有会计员以上专业技术资格；熟悉国家的有关的法律、法规、规章和国家统一的会计制度，努力钻研业务，不断提高业务水平。

第十条 依据会计业务设置会计岗位：会计工作岗位分为基本会计岗位和电算化会计岗位，基本会计工作岗位包括会计主管、出纳员、会计核算、稽核、会计档案管理等工作岗位。电算化工作岗位包括电算主管、系统维护、软件操作、审核记账、电算监护、电算审查、数据分析等工作岗位。

第十一条 会计工作岗位可以一人一岗，一人多职。电算化工作岗位的安排按财政部《会计电算化规范》的要求设置。

第十二条 会计人员必须对所承担的会计工作岗位负责，财务部门应按年度对会计人员的工作完成情况进行考核，对不适合会计工作岗位要求的会计人员应予调离。会计人员的工作岗位应在保持队伍稳定的条件下有计划地进行轮换。

第十三条 所长应支持会计机构、会计人员依法行使职权；对终于职守、坚持原则，做出显著成绩的会计机构、会计人员，应给予精神和物质奖励。

第十四条 财会人员利用职权谋取私利，违反财经纪律的，按《国务院关于违反财政法规处罚的暂行规定》以及财政部、人事部《关于对违反国家财经纪律的会计人员解除专业技术职务等有关问题的通知》等有关法规进行处理。

第三章　经费预算管理

第十五条 科学事业费收支预算的编制应在所长的主持下，由财务部门会同其他有关业务部门，参考上年度预算执行情况，汇总各部门年度收支预算；根据预算年度的收

入增减因素和措施，测算编制收入预算；根据事业发展需要与财力的可能，测算编制支出预算。

第十六条 编制收支预算必须坚持以收定支，收支平衡的原则；坚持统筹兼顾，保证重点的原则；坚持程序化和规范化的原则，不得编制赤字预算。上报院财务主管部门，待审查批准后执行。

第四章 科研经费管理

第十七条 科研经费包括："科技三项经费"、"863"、攻关项目经费、自然科学基金、省部重点项目经费以及其他来源的经费。

第十八条 科研经费的使用应贯彻"艰苦奋斗，勤俭办科研"的精神，充分发挥资金的使用效能，收到的科研经费一律存入所银行账户中，不得分散和转移到其他单位。

第十九条 科研经费坚持专款专用，开支范围按国家科委、财政部的有关规定和合同约定执行。

第五章 资金管理

第二十条 全所资金实行统一管理，财务部门应积极创造条件，将全部资金统一管理。实行所内调剂融通，把资金管好用活。

第二十一条 必须严格执行国家对货币资金的管理制度，实行钱、账分管的内部牵制原则，避免货币资金流失。

第二十二条 会计主管人员应经常对库存现金进行清查，发现长短款现象，应查明原因及时处理，严禁白条抵库。出纳员发生现金丢失和短款由个人赔偿，现金库内严禁存放私人钱款及其他物品。对违反纪律，贪污盗窃或工作失职造成重大损失的，应追究法律责任。

第二十三条 严格遵守结算纪律，不准出租出借银行账户；不准开具空头支票或远期支票；不准套取银行信用。

第二十四条 严禁将银行存款转为储蓄存款；严禁公款私存，挪用公款，转借本系统外的单位；严禁将公款借给个人或向无法人地位所外单位投资、炒股等。如，发生以上违法违纪事项，要追究部门领导和责任人的责任，触犯刑律的，依法追究刑事责任。

第二十五条 银行存款利息应按国家规定计入收入，严禁截留或私分；会计人员在遵守国家金融政策法则的前提下，积极融通资金，使货币资金增值。

第二十六条 对其他收入采取统收统支的办法，各部门不得以任何理由截留收入或坐支，凡没有将收入统一汇交到财务而坐收坐支的部门和个人，视情节和本人态度给予行政处分或经济制裁，情节严重者移交司法机关追究其法律责任。

第二十七条 在特殊情况下，所长有权对规定的财务审批权限作出适当限制。

第六章 财务报告与财务分析

第二十八条 财务报告是指在一定时期财务状况和经营成果总结性的书面文件，财务报告集中、总括反映预算的执行、调整及执行财务制度和财经纪律等情况，是所领导制定经营决策的重要依据。

第二十九条 财务部门要定期按院计财局的要求及时向有关部门编报财务报表，向所长提供财务信息。财务报告主要包括：资产负债表、收入支出情况表、基本数字表和财务状况说明书等财务信息资料，并将年度财务执行情况向职代会进行报告。

第七章 附 则

第三十条 本办法与国家或上级有关规定抵触时，按国家或上级有关规定执行。

第三十一条 以往有关财务管理规定与本办法抵触时，按本办法执行。

第三十二条 本办法自印发之日起执行，由财务科负责解释。

中国农业科学院兰州畜牧与兽药研究所资金使用管理暂行规定

（农科牧药办〔2005〕59号）

根据《中国农业科学院兰州畜牧与兽药研究所财务管理办法》，进一步规范有关财务报销手续，完善财务报销制度，根据国家有关财经法律、法规，结合本所实际情况，制订本规定。

一、收付款管理

（一）收款：本所各部门经办人员收到支票、汇票等银行票据及现金后，应于收到当日交到所财务部门，不准挪作他用，不得公款私存，不得白条抵库。因拖延交付影响了款项的收妥，由经办人承担相关责任。

（二）付款：费用开支按开支的具体项目、性质分类并专人审批。

1. 对外付款方式主要包括现金、支票、电汇等，500元以上的支出不得用现金支付，特殊情况必须支付现金的由所长审批。支票付款应提供收款单位名称、事由及金额。电汇付款应提供准确的收款单位名称、收款银行名称、单位账号、事由及金额并及时向对方索要发票报销。

2. 科研协作项目向外单位拨款及工程建设项目的付款必须有加盖双方法人、公章的合同书或协议书。

二、日常财务报销管理

（一）报销时限：

1. 预支款项应在借款后持发票一周内到财务部门报销，逾期未报的，财务部门不再向其提供新的借款。

2. 出差借款在出差结束返回后一周内到财务部门报销，逾期未报的，财务部门将停止向其提供新的借款。

3. 职工自垫的款项，应于当月报销，有特殊情况的最迟不晚于在下个月内报销。

4. 跨年度的票据不予报销（年底结账期间可以顺延）。

（二）借款程序：

1. 管理、服务部门及所属实体（包括编辑部）。每笔借款开支由经办人、部门负责人签字，报所长审批。

2. 课题组。单项借款开支在3000元以下，由经手人、课题主持人签字，报科研管理处处长及主管所长审批；单项借款开支3000元（包括3000元）以上，由经手人、课题主持人签字，报科研管理处处长及主管所长审批后，再报所长审批。

（三）报销程序：

1. 日常费用报销。报销时填写《费用报销单》，注明报销部门、所属项目、报销内容、金额、单据张数等。

2. 出差报销。报销时填写《出差费报销单》，并注明是否有借款及借款金额，开支项目、事由。因特殊情况差旅费超标的须经所长签批。

3. 报销审批。

（1）管理、服务部门及所属实体（包括编辑部）。每笔开支由经办人、验证人、部门负责人签字，报所长审批。

（2）课题组。单项开支在3000元以下，由经手人、验证人及课题主持人签字，报科研管理处处长及主管所长审批；单项开支3000元（包括3000元）以上，由经手人、验证人及课题主持人签字，报科研管理处处长及主管所长审批后，再报所长审批。

（3）职工探亲费报销经办公室分管领导签字，报所长审批，会计凭原始单据按有关规定报销。

（4）离休干部医药费报销按季度经所长审批，会计凭原始单据按有关规定报销。

（5）经所里批准的职工业务进修、深造费用（学费、资料费等）报销经办公室分管领导签字，报所长审批，会计凭原始单据按有关规定报销。

（6）购置仪器设备除正常审批外还须办理固定资产的入库、领用手续，达到固定资产标准的按固定资产管理入账。

三、内部财务转账管理

所内各部门（杂志社、司机班、水电暖、各课题等）内部费用的转账，按各部门实际情况可以按季度、半年或一年进行结算分摊费用。内部转账单据可根据各部门所涉及的事项自行设计。上交财务的单据必须有以下内容：课题名称、费用支出项目、支出内容、支出金额、经办人、负责人签字等。原始单据留各部门备查。

四、相关报销执行文件

（一）差旅费报销遵照中国农业科学院（96）农科院计财字第138号转发财政部《关于中央国家机关、事业单位工作人员差旅费开支的规定》及本所农科牧药办字［1998］25号《关于工作人员差旅费开支的补充规定》的有关规定执行。

（二）出国人员的费用报销按照财行［2001］73号财政部、外交部关于印发《临时出国人员费用开支标准和管理办法》的有关规定执行。

（三）职工教育（业务进修、学位深造等）费用报销按照本所农科牧药人字［2002］15号《工作人员在教育管理暂行办法》的有关规定执行。

五、附则

本规定自印发之日起执行，由财务科负责解释。

中国农业科学院兰州畜牧与兽药研究所国有资产管理办法

（农科牧药办〔2005〕59号）

为了加强研究所国有资产管理，维护国有资产安全与完整，实现保值增值目标，促进科技事业发展，根据《农业部行政事业单位国有资产管理实施办法（试行）》和《中国农业科学院国有资产管理实施办法（试行）》有关规定，结合研究所实际情况，制订本办法。

第一条 所国有资产管理领导小组为研究所国有资产的管理机构，对研究所占有和使用的国有资产实施监督管理。主要职责是：

（一）贯彻执行国家和中国农业科学院有关国有资产管理的规章制度；

（二）根据上级国有资产管理的有关规定，制订并组织实施本所国有资产管理的具体办法；

（三）负责本所资产的账、卡、物管理；

（四）负责本所的资产清查、登记、统计报告、日常监督检查和资产效能管理工作；

（五）负责权限规定范围的资产调拨、转让、报损、报废的审批、报批工作；

（六）负责本所非经营性资产转经营性资产的项目论证和报批手续，对经营性资产实施安全和保值增值监督、检查；

（七）向本所和中国农业科学院负责，并报告工作。

第二条 本所资产管理的范围为本所占有和使用的在法律上确认为国家所有，并可以货币计量的各种科研、经济资源的总和。包括非经营性资产、经营性资产、资源性资产三大类。

第三条 资产管理的内容为产权管理、非经营性资产转经营性资产管理、日常管理。

产权管理指产权登记、变更和所办企业的产权管理。

非经营性资产转经营性资产管理指对将非经营性资产转作经营性资产的行为的管理。

日常管理指对资产的登记、领用、保管、转移、处置的管理。

第四条 本所资产的产权管理、非经营性资产转经营性资产管理按照农业部、中国农业科学院的有关规定执行。

第五条 资产日常管理：

（一）登记。对一般设备单价在500元以上、专用设备单价在800元以上，使用期限在一年以上并在使用过程中基本保持原有物质形态的资产，或单价虽未达到规定标准，但是耐用时间在一年以上的大批同类资产，必须进行入账、编号、建卡登记，建立登记账和登记卡。新购置的达到上述要求的资产，须在办理入账登记后方可办理报账手续。

（二）领用。对达到登记标准的资产，使用部门要指定专人办理领用手续，建立个人领用资产登记卡。

（三）保管。资产使用部门和使用人在资产管理部门的指导下，履行资产保管责任，保证资产的安全和正常使用。

（四）转移。工作岗位发生变化的在职职工，在岗位调整时，要根据工作需要对在原岗位领用的资产办理移交手续。对退休职工和调离人员，在办理退休和调离手续前，须办清资产交接手续。对丢失或损坏资产的，当事人要进行赔偿，对不履行赔偿手续的，从其工资、退休费中扣除相当于资产价值的费用，对调离人员缓办调离手续。

（五）处置。资产处置包括资产的无偿调出、出售、报废、报损等。

1. 处置权限：

（1）本所占有和使用的房屋建筑物、土地的处置，按规定报上级单位审批；

（2）单价在 5 万元至 20 万元之间的车辆和仪器设备报院计财局审批；

（3）单价在 20 万元以上的车辆和仪器设备报院审核后报农业部审批；

（4）单价在 5 万元以下的车辆和仪器设备由所国有资产管理小组审核处置，报院计财局备案。

2. 处置程序：

（1）资产使用部门对拟处置资产提出处置意见，并附处置理由说明；

（2）所办公室对部门提出的处置意见进行汇总整理，提交所国有资产管理小组审核，按资产处置权限进行处置；

（3）根据所国有资产管理小组的处置决定或院、部的批复，财务科、办公室对有关资产、资金账目进行调整。资产的处置收入应按规定纳入所修购基金管理。

3. 处置申报材料：

（1）资产价值凭证，如购货单（发票、收据等）、工程决算副本、记账凭证复印件、固定资产卡片等；

（2）资产报损、报废的技术鉴定；

（3）需评估的资产由评估机构出具的有关评估文件；

（4）报损、报废资产的名称、数量、规格、单价、损失价值清册、鉴定资料和对非正常损失责任者的处理决定。

第六条 本办法未尽事宜，按照《农业部行政事业单位国有资产管理实施办法（试行）》和《中国农业科学院国有资产管理实施办法（试行）》有关规定执行。

中国农业科学院兰州畜牧与兽药研究所非营利性科研机构改革专项启动经费管理暂行规定

（农科牧药办〔2007〕121号）

第一条 为规范和加强非营利性科研机构改革专项启动经费（下简称“经费”）的管理，推动我所科研体制改革的顺利开展，根据国家有关财务规章制度，制订本暂行规定。

第二条 为加强研究所专项经费的管理使用，提高资金的使用效益，保证科技体制改革工作的顺利完成，实行“总量控制、合理分配、突出重点、择优支持”。

第三条 经费的管理和使用要严格遵守国家有关财务规章制度。

第四条 根据国家科技发展、科技体制改革和创新的要求，经费主要用于以下几个方面：

（一）用于本所的重点研究项目；

（二）用于人才引进与培养；

（三）用于购置仪器设备；

（四）用于改善条件；

（五）用于科研业务费及其他。

第五条 会计核算

（一）会计科目根据规定设置。

（二）可根据所具体情况进行核算，核算项目仍按照会计制度要求，做到清晰、明了。

第六条 专项经费不得用于支付各种罚款、捐赠、赞助、投资及基本建设项目、人员经费开支等。

第七条 经费支出中属于政府采购项目的应当按照财政部政府采购的有关规定执行。

第八条 经批准的经费使用计划一般不予调整。因特殊原因确需调整的，应及时报告科技处，并按计划审批程序办理。

第九条 科技管理处、计划财务处对经费的管理和使用情况进行定期或不定期的监督检查。

第十条 每年年末经费使用部门要按照有关要求，及时编报经费使用计划完成情况及使用效果的总结报告。

第十一条 研究所对经费使用实行绩效考评制度。考评结果将作为经费使用部门以后年度承担工作任务、安排经费预算的重要依据。

第十二条 对于弄虚作假、挤占、截留、挪用经费等违反财经纪律和财务制度，未按经费使用计划、任务书的部门，将根据具体情况及有关规定，对该部门及有关责任人予以查处。触犯刑律的，移交司法机关依法追究刑事责任。

第十三条 本规定由计划财务处负责解释。

第十四条 本规定自发布之日起执行。

中国农业科学院兰州畜牧与兽药研究所招待费管理办法（试行）

（农科牧药办〔2014〕13号）

第一章　总　则

第一条　为进一步规范研究所各类业务接待行为，认真贯彻中央八项规定要求，促进研究所党风廉政建设和各项事业的健康发展，以“厉行节约，合理开支，严格控制，超标自负”为原则，根据国家和主管部门相关规定，结合研究所实际，特制订本办法。

第二条　本办法所指招待费是指所内各部门执行公务或开展业务活动需要合理开支的接待费用。主要包括：因业务工作需要发生的餐饮等费用。

第二章　招待费原则

第三条　各部门招待费应遵循如下原则：

（一）业务招待坚持对口接待的原则。上级机关和相关单位的领导，由办公室统一安排接待；上级机关和相关单位的部门负责人，由对口职能部门与相关处室协商后安排接待；上级机关和相关单位的一般工作人员，由对口职能部门或相关部门安排接待；地方行政部门一般人员，由各工作相关部门安排接待。

（二）招待费实行事前申请，标准控制，逐级审批的原则。

（三）招待费应遵循勤俭节约，杜绝浪费的原则。

（四）各部门接待来客时，须严格控制所内陪同人数，原则上陪同人数不得超过3人。如遇特殊情况，陪同人数也不得超过来客人数。

（五）各部门进行业务接待时如无特殊情况，接待地点的选择应实行就近原则；午餐招待原则上不饮用酒类，确有需要时也应适量控制。单位内部禁止互相招待，杜绝以加班为名自行吃喝。

第三章　招待费事前申请

第四条　招待费支取须完成事前审批。招待费发生前，经办人须如实填写《招待费申请单》（见附件），详细说明申请金额、招待费标准、招待单位、事由、招待人数、陪同人数、用餐地点等，按规定的审批权限，经审批同意后，方可在批准的额度内开支招待费。

第五条　如有特殊情况不能及时办理事前审批手续时，必须先口头向所领导请示，获批准后可进行接待，必须在接待事宜完成后3个工作日内按要求补办《招待费申请单》，否则不予报销。事前未经批准而擅自招待或就餐的，不论何种情况，产生的招待费本单位一律不予审核报销，由业务招待相关人员自行支付。

第四章　招待费审批权限

第六条　招待费从严审批。招待费每笔开支500元以内的，由各部门负责人审核、分管所领导审批；每笔开支500元（含500元）以上的，由各部门负责人、分管所领导审核，主管财务所领导审批。

第五章　招待费开支标准

第七条　招待费开支实行标准控制。招待费支出原则以上人均80～120元/次为标准。各部门业务招待均须严格按照本标准执行，超过规定标准的部分不予报销。

第八条　遇有特殊情况时，按审批权限事先经所领导同意，可适当提高用餐标准。

第六章　招待费财务报销

第九条　各部门在完成招待任务后须及时办理报销手续。报销时，经办人须持事前审批的《招待费申请单》、正规发票并填写报销单。经所在部门负责人审核、签字后报条财处审核，按规定权限审批后方可报销，否则，不予审批报销。

第十条　国家财政专项经费、国家科技计划经费等所有科研专项经费中无招待费预算的，一律不允许开支招待费。

第十一条　职工外出做实验、调研、开会、培训等原则上不得报销外地招待费，确属特殊情况的，必须事前按审批流程向所领导请示同意后方可发生必要的招待费。

第十二条　严格执行监督检查制度。研究所纪检部门定期组织有关部门对招待费执行情况进行检查，对违反规定的情况，一律予以公开曝光，责令退赔一切费用的同时，按照研究所规定追究相关人员的责任。

第七章　附　则

第十三条　本办法如与国家和上级部门规定相抵触的，以国家和上级部门规定为准，对未尽事项按国家和上级部门规定执行。

第十四条　本办法由条件建设与财务处制订并解释。

第十五条　本办法自 2014 年 1 月 1 日起执行。

招待费申请单

申请日期		招待日期	
申请部门		申请金额	
招待费标准		招待单位	
事由			
招待人数		陪同人数	

（续表）

招待费申请单			
用餐地点			
备注			
经办人		部门负责人	
分管所领导（500元以内）		主管财务所领导或所长（500元以上）	

中国农业科学院兰州畜牧与兽药研究所差旅费管理办法

（农科牧药办〔2013〕31号）

根据财政部关于印发《中央国家机关和事业单位差旅费管理办法》的通知（财行〔2006〕313号）、财政部办公厅关于印发《中央国家机关和事业单位差旅费管理办法有关问题解答》的通知（财办行〔2006〕30号）及财政部办公厅《关于印发中央国家机关和事业单位差旅费管理办法有关问题解答（二）的通知》（财办行〔2006〕49号）的文件精神，为了保证研究所出差人员工作与生活的需要，规范差旅费管理，特制订本办法。

一、差旅费开支范围包括城市间交通费、住宿费、伙食补助费和公杂费。

二、建立健全出差审批管理制度，严格控制出差人数和天数，出差前必须填写出差审批表。

三、出差人员应按照规定等级乘坐交通工具，凭据报销城市间交通费。未按规定等级乘坐交通工具的，超支部分自理。

（一）出差人员乘坐交通工具的等级：

1. 所级、研究员、职务工资在五级（含五级）以上的副高级技术职务人员，可以乘坐火车软席（软座、软卧），轮船（不包括旅游船）二等舱，飞机普通舱（经济舱）和其他交通工具（不包括出租小汽车）。

2. 其余人员，可以乘坐火车硬席（硬座、硬卧），轮船（不包括旅游船）三等舱，其他交通工具（不包括出租小汽车）。

（二）出差人员乘坐飞机要从严控制，出差路途较远或出差任务紧急的，经所领导批准方可乘坐飞机。

四、乘坐火车，从当日晚8时至次日晨7时乘车6小时以上的，或连续乘车超过12小时的，可购同席卧铺票。符合规定而未购买卧铺票的，按实际乘坐的硬座票价的80%给予补助。可以乘坐软卧而改乘硬卧的，不再给予补助。茶座费用等应由个人自理，不能报销。

五、铁路全列软席列车

（一）全列软席列车设有一等软座、二等软座的，所级及以上人员出差，可以乘坐一等软座，并按照一等软座车票报销；处级及以下人员出差，可以乘坐二等软座，并按照二等软座车票报销。

（二）乘坐全列软席列车，从当日晚8时至次日晨7时乘车时间6小时以上的，或连续乘车超过12小时的，可以乘坐软卧，并按照软卧车票报销。

（三）出差人员乘坐全列软席列车，符合乘坐卧铺规定而改乘软座的，按照软座车票的40%计发补助费。

六、乘坐飞机，往返机场的专线客车费用、民航机场管理建设费和航空旅客人身意外伤害保险费（限每人每次一份），凭据报销。

七、出差人员住宿主要以各地区、各单位的内部宾馆、招待所为主。内部宾馆、招待所接待条件不具备的，一般应住宿在社会上三星级及三星级以下的宾馆、饭店。出差人员按照所级人员每人每天300元、处级以下人员每人每天150元标准以下凭据报销。出差人员无住宿费发票，一律不予报销住宿费。住宿标准：所级人员住标准间，处级以下人员两人住一个标准间。处级以下出差人员为单数，或异性人员出差的，可以单人住宿一个标准间，应根据出差的人数和性别的实际情况，予以报销。

八、出差人员的伙食补助费按出差自然（日历）天数实行定额包干，每人每天50元。出差人员由接待单位统一安排伙食的，不实行包干办法。出差人员应向接待单位交纳伙食费，回所在单位如实申报，每人每天在50元以内凭接待单位收据据实报销。接待单位收取的伙食费用于抵顶招待费开支。

九、出差人员的公杂费按出差自然（日历）天数实行定额包干，每人每天30元，用于补助市内交通、通讯等支出。

十、出差人员由所在单位、接待单位或其他单位免费提供交通工具的，应如实申报，公杂费减半发放。

十一、工作人员外出参加会议，会议统一安排食宿的，会议期间的住宿费、伙食补助费和公杂费由会议主办单位按会议费规定统一开支，在途期间的住宿费、伙食补助费和公杂费回所在单位按照差旅费规定报销。小型调查研究会等不统一安排食宿的，会议期间和在途期间的住宿费、伙食补助费和公杂费均回所在单位按照差旅费规定报销。

十二、到基层单位实（见）习、工作锻炼、支援工作以及各种工作队等人员，在途期间的住宿费、伙食补助费和公杂费按照差旅费开支规定执行；在基层单位工作期间，每人每天发放伙食补助费15元，不报销住宿费和公杂费。

十三、工作人员出差期间，事先经单位领导批准就近回家省亲办事的，其绕道交通费，扣除出差直线单程交通费，多开支的部分由个人自理。绕道和在家期间不予报销住宿费、伙食补助费和公杂费。

十四、本办法自发布之日起执行。

十五、本办法由条件建设与财务处负责解释。

中国农业科学院兰州畜牧与兽药研究所职工医疗费暂行管理办法

（农科牧药办字〔1998〕25号）

由于研究所的经费来源不属地方财政拨款，难以实施甘肃省省级机关医疗制度改革的有关举措，但为了保障职工能继续享受公费医疗待遇，根据研究所目前实际财力，尽量做到合理有效使用资金，经1997年1月9日所务会议研究决定，暂实行如下管理办法：

一、凡本所职工（含退休职工，下同）在医院门诊就医的费用，不予报销，每月随工资册发给个人医药费。发放标准如下：

（一）年龄在35周岁以下，工龄在10年以下，只要符合条件之一者，每月发10元；

（二）年龄在36～49周岁，工龄11～20年，只要符合条件之一者，每月发12元；

（三）年龄在50周岁以上（含50周岁），工龄在21年以上，只要符合条件之一者，每月发15元。

二、职工因病需住院治疗时，凭医院住院证明经主管财务的所领导审批（该领导不在所时，由所长或代管领导审批），除癌症、危重症（下病危通知书）和重大意外事故者外，只预借住院现金500～1000元，不足部分概由职工先行垫支，出院后排队报销。职工出差、探亲或请假在外地因病住院治疗，返回后凭医院有效证明及发票报销。

三、职工住院医疗费报销，仍实行“所”与个人按比例分别承担的办法，即年龄在50周岁（含50周岁）以上者，所报销85%，个人承担15%；年龄不到50周岁者，所报销80%，个人承担20%。但所有的取暖费、卫生费、伙食费等款项，仍按规定全部自理，不予报销。

四、停薪留职人员在其停薪留职期间，不发给医药费，住院治疗费用亦全部由个人自理，不予报销。

五、职工因工伤事故发生的医疗费，按国家有关规定，全数报销。

六、离休职工不发给医药费，其医药费用仍按国家规定执行，全数报销。

七、因特殊情况必需去兰州以外及出省住院治病者，应凭医院证明，经所领导研究批准，按甘肃省卫生部门规定办理审批手续，才能赴外就医，返所后按规定报销。

八、职工凡因酗酒闹事、打架斗殴、责任事故或私自以营利为目的的活动期间发生意外等原因所致伤病的治疗费及住院费，一律不得享受公费医疗待遇。

九、本暂行办法实施期间，如国家和上级有新的公费医疗制度改革的规定或实施办法出台时，当以国家和上级规定为根据，及时修订或重新制订。

十、本暂行办法中的未尽事宜，由所领导研究解决。

十一、本暂行办法从1997年1月1日起执行。

中国农业科学院兰州畜牧与兽药研究所政府采购制度暂行规定

（农科牧药办〔2010〕93号）

第一条 为加强研究所经费支出管理，提高资金使用效益，促进科研事业的发展，根据国家有关规定，结合本所实际，制订本规定。

第二条 政府采购是研究所按照国家采购制定的集中采购目录以内的或者采购限额标准以上的货物、工程和服务的采购行为。

第三条 推行政府采购的目的，是通过发挥政府的组织功能，集中统一地为国家机关和事业单位提供优质的采购服务，达到充分运用市场机制合理安排财政支出，降低采购成本，节约支出，强化支出预算控制的目的。同时，按照公平、公正、公开的原则，加强对政府采购行为的监督，提高政府采购支出的透明度。

第四条 采购资金来源包括

（一）部门预算内事业经费；

（二）部门预算内基本建设资金及安排的设备资金；

（三）部门预算专项资金。

第五条 政府采购采用以下方式：公开招标、邀请招标、竞争性谈判、单一来源采购、询价、国务院政府采购监督管理部门认定的其他采购方式。公开招标应作为政府采购的主要采购方式。采购人不得将应当以公开招标方式采购的货物或者服务化整为零或者以其他任何方式规避公开招标采购。其具体数额标准，属于中央预算的政府采购项目，由国务院每年印发“中央预算单位政府集中采购目录及标准”来规定。

第六条 政府采购资金范围内的采购项目，必须执行集中采购目录和限额标准的要求。

（一）凡已列入政府集中采购目录的项目以及部门集中采购项目中涉及政府集中采购目录中的项目，必须委托集中采购机构组织采购。

（二）除政府集中采购目录和部门集中采购项目外，各部门自行采购（单项或批量）达到50万元以上的货物和服务的项目、60万元以上的工程项目应执行《中华人民共和国政府采购法》和《中华人民共和国招投标法》有关规定。其中，200万元以上的工程项目应采用公开招标方式。

（三）政府采购货物或服务的项目，单项或批量采购金额一次性达到120万元以上的，必须采用公开招标方式。

（四）达到50万元以上的货物和服务的项目，60万元以上的工程项目，应委托具备政府采购资质的代理机构按照《政府采购法》的要求组织、实施采购。

第七条 研究所政府采购工作由法人（所长）总负责，管理部门为计划财务处，计划财务处负责组织实施，分管处长为第一责任人。由计划财务处牵头，相关部门实施政府采购的具体工作。根据需要，聘请所内外有关专家参与工作。

第八条 政府采购管理部门的职责：

（一）负责研究所的政府采购日常工作；

（二）认真详细编制政府采购预算，避免申请追加预算。必须严格执行预算，没有编制预算的政府采购项目原则上不得实施采购；

（三）搜集、了解有关市场动态和商品信息；

（四）负责政府采购的立项申报；

（五）负责组织有关专家技术小组，对政府采购项目进行技术论证和咨询并组织、参与评标；

（六）负责政府采购招标、投标的具体工作；

（七）负责指导各部门的集中采购工作；

（八）负责政府采购后国有资产的登记、入账、管理等项工作。

第九条 政府采购操作规程的要求：

（一）政府采购的程序必须符合相关规定，比如采购方式必须先选择招标采购；

（二）政府采购文件必须符合规定，整理成册准备用于审计、检查并存档；

（三）政府采购结果必须按规定及时上报；

（四）集中采购目录内的采购项目必须选择中央国家机关政府采购中心确定的供货商，而非地方政府采购中心确定的供货商。

第十条 建立政府采购监督机制。研究所纪检，审计、监察等部门要对政府采购进行严格的监督检查，全过程参加招投标及采购工作，确保政府采购行为公平、公正和公开。

第十一条 本规定由研究所计划财务处负责解释。

第十二条 本规定自发布之日起施行。

中国农业科学院兰州畜牧与兽药研究所科研实验材料用品采购管理暂行规定

（农科牧药办〔2008〕47号）

为规范和加强我所科研项目（课题）经费的管理，提高资金使用效益，结合研究所的实际，制订本规定。

第一条 本规定所称科研实验材料用品指在研究所实施的科研项目、课题需要的各类药品、试剂、饲料、耗材和办公等用品。

第二条 由科技管理处、计划财务处专门负责科研实验材料用品的采购工作。

第三条 科研实验材料用品的采购工作将由研究所统一安排指定的供应商处购买。

第四条 研究所筛选3~4家有资质、商业信誉良好的供应商，采用竞争性谈判的方式采购，并签署供货协议。并建立供货商信誉评价体系，采用滚动选择的机制，对于确定提供商品价格高于市场价格、采购设备、材料有质量问题、服务不到位等问题的供货商将拒绝参与研究所材料的招标采购。

第五条 科研项目、课题组根据课题任务书要求，提前一月提出采购材料的名称、规格、数量报科技管理处审批并统一编制采购计划，交计划财务处统一采购。

第六条 对供应商所供应的货款实行定期结算，科研项目（课题）组负责人、验货人收到货物后在一式三联的货物验收单上签字，并注明开支科研项目（课题），一份由科研项目（课题）留存、一份由计划财务处结算用、一份由供应商定期结算时用。

第七条 研究所办公用品的采购参照以上办法执行。

第八条 本办法自2008年4月29日所务会议通过之日起执行。

第九条 本办法由计划财务处负责解释。

中国农业科学院兰州畜牧与兽药研究所基本建设与条件建设项目管理办法（试行）

第一章　总　则

第一条　为了规范基本建设、科学事业条件建设、基础设施改造、修缮购置等投资项目管理，加强各项目的管理与监督，提高投资效益，根据国家有关法律法及规财政部、农业部、中国农业科学院有关项目管理的规定，结合研究所实际，特制订本办法。

第二条　本办法适用于研究所所有执行国家农业基本建设、科学事业条件建设、基础设施改造、修缮购置等计划投资项目。

第三条　项目管理的基本任务是：贯彻执行国家有关法律、法规和方针政策；全面掌握熟悉项目的各种投资渠道，做好项目建设的论证、编制、申报、执行、监督和验收考核工作；依法、合理、及时筹集和使用建设资金，严格控制建设成本，努力提高投资效益；确保项目达到国家要求的标准。

第四条　所有国家农业基本建设、科学事业条件建设、基础设施改造、修缮购置等计划投资项目实行建设项目法人负责制，推行全过程的统一管理制度。

第二章　组织机构和职责

第五条　计划财务处是研究所基本建设、科学事业条件建设、基础设施改造、修缮购置等计划投资项目管理的职能部门，对各项目实行全过程的管理和监督。其主要职责是：

（一）贯彻执行国家有关基本建设、科学事业条件建设、基础设施改造、修缮购置等计划投投资项目管理的各项法律、法规和制度。

（二）研究制订本单位项目建设的各项管理办法，组织实施并监督检查。

（三）根据有关部委、中国农业科学院下达的项目建设投资计划，组织、汇总、上报各种项目的文书、资料、用款计划和工程进度的相关材料。

（四）审核、汇总、上报月、季、年度项目建设财务报表与决算。

（五）监督、检查项目建设资金使用情况，监督项目招投标制度和政府采购制度的落实。

第六条 项目组应加强预算内资金的管理，按国家有关规定开设基本建设资金管理账户（实行国库集中支付的项目，按国库集中支付管理办法执行）建立基本建设会计核算账簿，专账管理，专款专用，严格按上级下达的投资计划和批复执行，不得截留、挤占、挪用基本建设资金。

第三章　项目管理

第七条 项目实行法人负责制，按不同类型的项目设立项目领导小组，对项目实施决策管理。

第八条 每个项目成立工作班子（项目组），并明确项目负责人，以及项目组成员，以便项目实施责任到人。

第九条 项目组主要任务和职责，项目组应按照项目计划的要求全面开展工作，从前期准备、各项报批审核、施工现场管理、工程质量、工程进度、设备采购、资料收集、竣工验收等主要环节必须责任明确，任务到人。

第十条 项目的经费管理，所有项目的经费支出严格按照研究所财务管理办法执行。

第四章　项目验收

第十一条 项目组应于竣工完成的前 1 个月内提出项目验收申请，项目管理部门根据项目组申请计划，做好有关验收的各项安排，并报送上级单位。

第十二条 项目组应根据管理部门下达的验收计划，积极做好验收准备工作，包括验收材料和验收现场。

第十三条 验收材料包括：项目执行情况总结报告《项目合同书》、项目验收表、资金使用审计报告，及其他附件材料。

第五章　项目财务决算

第十四条　项目竣工财务决算是竣工决算的组成部分，是核定新增固定资产价值，反映竣工项目决算成果的文件，是办理固定资产交付手续的依据，项目组应在项目竣工后3个月内根据财政部、农业部和国家相关规定，实事求是地编制项目建设竣工财务决算，做到编报及时、数字准确、内容完整。

第十五条　建设项目竣工财务决算的内容，包括竣工财务决算报表和财务决算报表说明两部分：

（一）建设项目竣工财务决算报表，主要有封面、基本建设项目概况表、基本建设项目竣工财务决算表、基本建设项目交付使用资产总表、基本建设项目资产明细表。

（二）竣工财务决算说明书主要包括以下内容：

1. 基本建设项目概况；
2. 会计账务的处理、财产物资清理及债权债务的清偿情况；
3. 基建结余资金等分配情况；
4. 主要技术经济指标的分析、计算情况；
5. 基本建设项目管理及决算中存在的问题、建议；
6. 决算与概算的差异和原因分析；
7. 说明的其他事项。

第六章　项目奖惩

第十六条　项目实行奖惩制度，明确项目管理和执行人员的职责，确保项目按质按期顺利完成，为研究所的各项事业发挥更大的作用。

第十七条　项目完成各项验收程序，达到预期标准后，方可给予奖励。项目奖励按国家投资计划设定标准基数，分段累进计算奖励的数额，具体标准如下。

（一）投资计划100万元以下（包括100万元），按1%计算奖励金额。

（二）投资计划101万元至200万元，按0.9%累进计算奖励金额。

（三）投资计划201万至300万元按0.8%累进计算奖励金额。

（四）投资计划 301 万元至 400 万元按 0.7% 累进计算奖励金额。

（五）投资计划 401 万元至 500 万元按 0.6% 累进计算奖励金额。

（六）投资计划 501 万元以上按 0.5% 累进计算奖励金额。

第十八条 项目奖励由项目负责人会同有关领导和部门确定发放的范围和人员。

第十九条 项目在实施过程中若出现重大失误或事故，并造成经济损失以及不能通过验收时，不得享受奖励，并对相关责任人进行纪律处分和经济处罚。

第二十条 本办法自 2007 年 3 月 8 日所务会议讨论通过之日起执行。由计划财务处负责解释。

中国农业科学院兰州畜牧与兽药研究所修缮购置项目实施方案

（农科牧药办〔2007〕103号）

第一章　总　则

第一条　为使“修缮购置项目”管理做到科学化、制度化、规范化、程序化，参照《财政部中央级科学事业单位修缮购置专项资金管理办法》《农业部财政项目支出管理暂行办法》《农业基本建设项目管理办法》和其他相关管理办法，结合本项目特点，制订本办法。

第二条　修缮购置项目管理办法分为总则、组织管理、前期准备、申报审批、项目实施、监督管理、验收与考评和附则八个部分。

第二章　组织管理

第三条　项目建设严格执行项目法人负责制。项目单位为中国农业科学院兰州畜牧与兽药研究所（以下简称“本单位”）。

第四条　本单位成立以法人代表杨志强所长为组长，副所长张继瑜、杨耀光、计划财务处处长袁志俊、副处长肖堃、科技管理处处长杨锐乐、后勤服务中心主任王成义组成的项目领导小组，负责项目管理决策、协调。项目领导小组下设由所长杨志强，计划财务处处长袁志俊、副处长肖堃、科技管理处副处长王学智、后勤服务中心主任王成义、副主任孔繁矼、水电暖班长周新民、资产管理人员张玉纲、项目办专业技术人员梁诚、王建中、杨宗涛组成项目工作小组，负责组织实施。明确分工，责任到人。

第三章　前期准备

第五条　项目实施前，编制全面、可行、详细的实施方案。实施方案包括项目初步设计、项目组织管理、项目实施内容、项目费用概算、进度安排、预期成效等。

第六条　初步设计根据批复实施方案的建设内容编制，概算不突破实施方案的估算，初步设计的深度符合国家有关规定。

第四章　申报审批

第七条　委托有资质单位完成初步设计与概算后，报中国农业科学院审批。

第八条　项目初步设计与概算方案批复后，确因客观原因需进行变更，报中国农业科学院审批。主要包括以下情形：

（一）变更建设地点；

（二）变更建设性质；

（三）变更建设内容、建设标准、建设规模超过项目总投资的 ±3%（含 3%）。

（四）变更建设期限；

（五）变更招标方案；

（六）其他须经中国农业科学院批准的变更。

第五章　项目实施

第九条　项目实施必须严格执行招投标、合同管理制度。

第十条　项目重要仪器、设备、材料的采购依法实行招标。采购活动应有详细的文件记录，采购结果应有法人代表或法定委托人签字。

第十一条　仪器设备采购。凡列入政府集中采购目录品名的仪器设备均采用政府集中采购，凡能纳入中国农业科学院统一采购的仪器设备均由中国农业科学院统一采购。其他仪器设备采购单项合同估算价在100万元以上的，应采用公开招标，其他仪器设备采购单项合同估算价在100万元以下的，可以采用邀请招标或竞争性谈判。

第十二条 通过公开招标、邀请招标、竞争性谈判采购的工程、货物、服务和5万元以上（含5万元）大额支出须签订合同。合同应规范，有标准文本的，应采用标准文本；没有标准文本的，内容至少应包括甲乙双方的责任和义务、合同范围、服务方式、合同款项、付款方式、质保期及内容、售后服务。合同签订后及时报中国农业科学院计划财务局备案。

第十三条 项目实施单位应严格按照批复内容、规模、标准、进度等组织实施。

第十四条 项目实施单位应该按照批复的进度安排实施，编制形象进度表，每月25日向中国农业科学院计划财务局报送本月形象进度表和下个月的形象进度计划。

第十五条 项目实施单位应严格控制造价，确保投资控制在批复的投资额范围内，编制投资进度表，每月25日向中国农业科学院计划财务局报送本月投资进度表。

第六章　监督管理

第十六条 为确保实施进度和资金的合理、安全使用，提高投资效益，研究所相关职能部门，按照职责分工依法加强项目监督检查。原则上每个季度全面检查1次。

第十七条 项目资金检查。落实实施方案，资金独立核算、专款专用，资金使用符合实施方案和概算的有关规定，按照合同支付，财务制度健全，规范财务管理，无套取、挤占、挪用、截留、滞留资金，无白条抵账、虚假会计凭证和大额现金支付等。

第十八条 招标及合同检查。按招投标、合同管理制度组织招标及签订合同，招标运作规范，合同合法、严密、规范，履行合同。

第十九条 组织机构检查。建立完善的项目组织机构和规章制度，配备专职人员，对项目建设全过程依法实施有效监督、管理。

第七章　验收与考评

第二十条 项目初验收必须具备的条件：

（一）完成批准的各项建设内容；

（二）系统整理所有技术文件材料并分类立卷，技术档案资料齐全、完整。包括：项目审批文件、设计（含工艺、设备技术）文件，招投标、合同管理文件、财务档案（含账册、凭证、报表等）、工程总结文件等；

（三）主要工艺设备及配套设施能够按批复的设计要求运行，并达到项目设计目标；

（四）编制项目工程结算，并经有资质的中介审计机构审计；

（五）编制项目财务决算，并经有资质的中介审计机构审计。

第二十一条 项目完成后，由研究所组织进行初验。初验合格后向中国农业科学院申请验收。

第二十二条 项目验收与绩效考评严格按照实施方案中预见成效分阶段进行，考评办法参照财政部关于《中央级教科文部门项目绩效考评管理试行办法》（财教［2003］28号）进行。

第八章 附 则

第二十三条 本办法自项目实施方案批准之日起施行。

第二十四条 本办法由中国农业科学院兰州畜牧与兽药研究所计划财务处负责解释。

中国农业科学院兰州畜牧与兽药研究所
中央级科研院所修缮购置项目经费管理办法

第一章　总　则

第一条　为加强中央级科研院所修缮购置专项经费的管理，提高财政资金使用的安全性、规范性和有效性，保证项目的顺利实施与验收，根据国家有关法律、法规和相关部门财务制度的规定，结合研究所的实际情况，特制订本办法（以下简称办法）。

第二条　本办法所称中央级科研院所修缮购置专项经费的管理，是指财攻部每年预算下达的用于支持我所“修缮购置项目”的财政专项资金。

第三条　项目经费的使用必须遵守国家有关法律、法规与财务制度，勤俭节约、专款专用，在现有的科研条件资源基础上，充分发挥项目资金的最大效益。

第四条　项目经费预算实行专家论证（中介评估）和上报中国农业科学院财务局批准相结合的审批机制。

第二章　组织机构和职责

第五条　为了保证项目经费的顺利实施，由所长杨志强、副所长、计划财务处处长组成项目经费领导小组，负责对项目经费管理的有关事项做出决策；由所长杨志强、计划财务处副处长肖堃、会计巩亚东和资产管理人员组成项目经费审批工作小组，负责项目经费的具体支付工作。

第六条　项目领导小组的职责是：

（一）负责决定项目的实施方案；

（二）负责决定项目经费的安排方案；

（三）负责监督、检查项目执行情况；

（四）负责决定与项目有关的其他重大事项。

第七条 项目工作小组的职责：

（一）负责编制、上报项目经费预算，政府采购预算及项目实施方案；

（二）按照国家相关的法律、法规和财务制度，严格按照批复的项目实施方案执行项目预算；

（三）负责对项目实施过程中各项经费开支提供完备的审批报销手续；

（四）检查、监督项目进展情况，及时向项目领导小组汇报项目预算执行中出现的问题；

（五）编制、上报项目年度决算和项目执行情况；

（六）接受上级部门对项目的检查、审计、验收及绩效考评工作。

第三章 经费开支范围

第八条 项目经费开支范围必须与预算口径相一致，必须严格执行批准的项目实施方案，不得超出项目预算范围和标准开支费用。项目经费支出预算包括项目费、其他费用和不可预见费。

（一）项目费，指项目实施过程中发生的直接费用，主要为设备购置费用，即项目实施中所必需的设备费用。

（二）其他费用、不可预见费，指项目单位为组织、实施项目而发生的组织、协调、项目评审、验收检查以及一些不可预见的费用。

第九条 项目经费不得用于支付各种罚款、捐款、赞助、投资等项支出，不得列入国家规定禁止列入的其他支出。

第四章 经费预算执行

第十条 项目经费支出要严格按照预算执行，一般不予调整预算。如有特殊原因确需调整预算的，应按规定程序重新上报审批。

第十一条 规范政府采购工作，按照国务院下达的《中央预算单位年度政府集中采购目录及标准》分别制定政府集中采购、部门集中采购的实施计划，并严格执行

《政府采购法》及现行政府采购管理的有关规定，依法组织政府采购活动。需相应追加政府采购预算的，要按照预算管理程序及时办理补报手续。

第十二条 项目经费的管理、使用应严格执行国家有关财务制度，专款专用、单独核算，不得擅自改变资金用途，截留、挪用项目经费。

第十三条 项目经费借支现金或转账支票的审批程序：

（一）借款人完整填写借款单或支票领用单；

（二）项目负责人审批；

（三）主管所长审批；

（四）计划财务处按预算审核经费并签字；

（五）计划财务处办理借款手续。

第十四条 项目经费支出的审批程序：

（一）项目经办人完整填写报销单；

（二）项目负责人审批；

（三）主管所长审批；

（四）计划财务处审核签字后，办理付款或冲销借款。

第十五条 下列事项须由项目领导小组指定成员审批：

（一）单次金额超过0.30万元（含0.30万元）的现金借款及支出；

（二）单次金额超过0.05万元（含0.05万元）的不可预见经费的借款及支出；

（三）不在项目实施方案内的支出项目。

第十六条 各级审批人因公外出期间，应书面委托他人代理行使审批权限。

第十七条 项目经费形成的固定资产由计划财务处办理资产登记手续。

第十八条 项目完成后的经费结余，按财政部有关规定办理。

第五章 监督与检查

第十九条 项目工作小组负责对项目经费实行绩效考评，并将绩效考评结果上报中国农业科学院计划财务局。

第二十条 项目工作小组负责按照有关要求，及时组织编报专项经费年度收支预算和项目完成情况的总结，经项目领导小组审定后报中国农业科学院财务局，接受上级有关部门的监督。

第六章　附　则

第二十一条　项目执行过程中，国家法律、法规与财务制度另有规定的，由计划财务处依法予以修订。

第二十二条　本办法由计划财务处负责解释。

第二十三条　本办法自 2007 年 11 月 21 日起执行。

五、党的建设和文明建设管理办法

中国农业科学院兰州畜牧与兽药研究所党务公开实施方案

（农科牧药党〔2012〕2号）

为认真贯彻落实党的十七大和十七届五中、六中全会精神，进一步扩大党内民主，积极推进党务公开，切实加强研究所党内民主建设，促进各项事业更好更快发展，根据中国农业科学院直属机关党委《关于在中国农业科学院直属机关党的基层组织中全面实行党务公开的实施方案》，结合研究所实际，制订本方案。

一、指导思想

以邓小平理论和“三个代表”重要思想为指导，坚持党要管党、从严治党的方针，牢固树立和全面落实科学发展观，紧紧围绕提高党的执政能力和拒腐防变能力，积极推进党内民主建设，着力增强党的团结统一，尊重党员主体地位，保障党员民主权利，全面推进党务公开，营造党内民主环境，增强党员队伍和党组织的创造力、凝聚力和战斗力，为研究所更好更快发展提供有力的政治保证和组织保证。

二、组织领导

为切实加强对党务公开工作的领导，成立研究所党务公开工作领导小组。领导小组由刘永明书记任组长，杨志强所长任副组长，党委委员及各支部书记任成员。领导小组负责部署、组织、协调、指导党务公开工作。下设办公室，挂靠党办人事处，负责组织实施党务公开工作。

三、党务公开内容及形式

（一）党务公开内容：

1. 党组织决议、决定及执行情况。贯彻执行中央方针政策和重要会议精神、院党组和上级党组织决议、决定和工作部署等情况；所党委重要决策及执行情况；年度工作计划、安排、总结，阶段性工作部署、任务及重要工作完成等情况。

2. 党的思想建设情况。开展思想政治工作、理论组学习计划及落实情况；党员干部教育培训计划及落实情况；开展文明处室、文明班组、文明职工创建活动情况；开展文化建设情况。

3. 党的组织建设情况。党组织的设置、职责分工、机构调整；党员发展情况；民主评议、创先争优情况；党费收缴、管理和使用情况；工会换届选举、人员调整及妇女工作、统战工作等情况。

4. 干部选拔任用情况。干部选拔任用、轮岗交流、考核奖惩、干部监督制度及执行等情况。

5. 党的作风建设情况。领导班子职责分工、执行民主集中制、召开党员领导干部生活会及整改情况；听取、反映和采纳党员、群众意见和建议，帮助党员、群众解决实际困难，接待来信来访、化解矛盾纠纷，办理涉及党员、群众切身利益重要事项等情况。

6. 党的制度建设情况。议事规则和决策程序情况；党内各项制度规定和工作规则等情况。

7. 党风廉政建设情况。落实党风廉政建设责任制、执行廉洁自律规定、落实党内监督制度、推进惩治和预防腐败体系建设、廉政文化建设、处理违纪党员等情况。

8. 其他应当公开的事项。根据党员、群众要求，认为有必要公开的事项，或上级党组织要求公开的事项等。

（二）党务公开形式：党务公开坚持形式服从内容，注重实效。针对不同公开内容和特点，确定不同的公开形式。主要通过党内会议、文件、公告栏、所局域网等形式进行公开。

（三）党务公开时限：党务公开的时间与公开的内容要相适应，常规性工作长期公开，阶段性工作定期公开，临时性工作和重点事项即时公开。对群众反映的热点、难点问题在接到投诉后应及时公开处理结果。

四、保障措施

（一）加强领导，强化监督。党务公开工作领导小组充分发挥组织领导和协调指导作用，将党务公开工作纳入重要议事日程。加强对研究所及各党支部党务公开工作的检查和指导，推动工作落实。

（二）建立完善公开制度。

建立例行公开制度。按照职责分工和有关规定，研究所列入公开目录的事项，应及时主动公开。暂时不宜公开或不能公开的，报上级党组织备案。

建立申请公开制度。党员按照有关规定向所党委申请公开相关党内事务，对申请的事项，可以公开的，所党委向申请人公开或在一定范围内公开；暂时不宜公开或不能公开的，及时向申请人说明情况。申请事项及办理情况应向院党组备案。

建立信息反馈制度。按照“谁公开、谁负责，谁收集、谁反馈”的原则，收集整理党员群众围绕党务公开提出的意见和建议，及时做好信息反馈工作；涉及重要事项和重大问题，要认真讨论研究。

（三）加强考核评价。要把党务公开工作作为各支部工作考核的重要内容，作为推优评先的重要依据。把党务公开工作纳入党风廉政建设责任制的评价体系中，对不按规定公开或弄虚作假的，要批评教育，限期整改；情节严重的，要追究相关领导的责任。

（四）积极创新，确保成效。要从工作实际出发，积极探索，总结经验，把握规律，拓宽思路，加强调查研究和督促指导，及时解决党务公开工作中存在的困难和问题，在实践中不断完善提高，拓展深化。

中国农业科学院兰州畜牧与兽药研究所关于落实党风廉政建设主体责任监督责任实施细则

（农科牧药党〔2015〕8号）

为深入贯彻党的十八大、十八届三中全会和十八届中央纪委三次、五次全会精神，认真落实党风廉政建设党委主体责任和纪委监督责任，加强研究所党风廉政建设和反腐败工作，按照中国农业科学院党组关于落实“两个责任”的要求，结合研究所实际，制订本实施细则。

一、深刻认识落实“两个责任”的重要意义

党的十八届三中全会对反腐败体制机制创新和制度保障工作进行了全面安排和部署，提出“落实党风廉政建设责任制，党委负主体责任，纪委负监督责任”的具体要求。这是党中央对反腐倡廉形势科学判断后作出的重大决策，是对反腐倡廉规律的深刻认识和战略思考，是对加强反腐倡廉建设的重要制度性安排，也是推进研究所科技创新工程实施和现代农业科研院所建设、实现跨越式发展的基本保障。所党委和纪委要高度重视、深刻领会、认真学习，切实增强主体责任和监督责任意识，强化使命感，自觉肩负起研究所党风廉政建设的政治责任，旗帜鲜明地履行职责，积极行动，勇于担当，切实把两个责任落到实处，深入推进研究所党风廉政建设工作。

二、认真落实党组织党风廉政建设主体责任

研究所党委和各党支部要把党风廉政建设和反腐败工作作为重大政治任务，摆在突出位置，切实担负起领导、主抓、全面落实的主体责任。

（一）党委的主体责任：所长、党委书记是研究所党风廉政建设第一责任人，对推进党风廉政建设和反腐败工作承担主体责任；班子成员要落实“一岗双责”，对分管部门的党风廉政建设负有领导责任。

1. 每半年向院党组报告研究所党风廉政建设工作任务进展和完成情况。重要情况、重大问题及时报告。

2. 加强干部队伍建设，从严管理监督干部。规范行使选人用人权，坚决纠正跑官要官等选人用人上的不正之风。班子主要负责人要定期约谈重点岗位负责人，听取党风廉政建设情况。

3. 强化权力运行全过程监督，持续加强廉政风险防控机制建设，不断建立完善相

关制度，堵塞漏洞，实行对廉政风险防控动态管理。

4. 着力加强项目经费使用的廉政风险防控工作，明确责任部门和责任人，防止出现责任虚置、责任不清的现象。明确研究室主任、团队首席、课题组长、项目负责人的直接责任，做到业务工作、廉政建设“两手抓，两手都要硬”，既要严于律己、率先垂范，又要教育管理好下属干部职工。强化财务部门的把关责任，提高财务人员的担当意识、责任意识，督促、支持财务部门履好责，把好关。

5. 坚决抓好中央八项规定精神落实，防止“四风”反弹。加强对作风建设的领导，着力解决群众反映强烈的突出问题。

6. 配合和支持院党组纪检组、监察局、直属机关纪委等上级纪委、纪检部门查处违纪违规问题。领导和支持研究所纪委、纪检监察部门履行监督职责。

（二）党支部的主体责任：研究室主任、创新团队首席和党支部书记是研究室、创新团队党风廉政建设第一责任人，共同履行本部门党风廉政建设并承担主体责任。

1. 定期向所党委报告本支部党风廉政建设情况，重要情况、重大问题及时报告。

2. 加强党员队伍建设，严格管理党员。

3. 着力加强以科研经费使用为重点的廉政风险防控工作，根据实际需要建立健全一些必要的制度，科研团队设立财务助理，明确责任人，

4. 坚决抓好中央八项规定精神的落实，防止“四风“反弹。

5. 配合和支持上级纪委、纪检部门查处违纪违规问题。

三、认真落实纪委的监督责任

所纪委负有协助党委加强党风廉政建设和组织协调反腐败的工作职责，同时负有监督责任，重点做好监督执纪问责工作。

（一）加强向所党委请示汇报，对研究所党风廉政建设工作以及其他重大问题提出意见和建议。

（二）每半年向院党组纪检组和直属机关纪委报告研究所党风廉政建设情况及履行监督责任的情况。

（三）违纪问题重要线索处置、案件查办、执纪执法查处人员情况在向所党委、所领导班子报告的同时，还应向院党组纪检组和直属机关纪委报告。

（四）加强对党员干部贯彻落实中央八项规定精神、厉行节约、转变工作作风、廉洁自律情况的监督。

（五）加强对干部选拔任用、项目招投标工作的监督，提出廉政意见，把好廉政关。

（六）严肃查处党员干部的违规违纪问题。

（七）开展廉政教育，推进研究所廉政文化建设，促进党员干部增强廉洁从政意识。强化科研人员廉洁从业意识，建立一支政治坚定、能力卓越、风清气正的科研队伍。

四、落实“两个责任”的工作机制

（一）完善领导机制。研究所要把党风廉政建设纳入整体工作部署。领导班子主要负责人做到党风廉政建设重要工作亲自部署、重大问题亲自过问、重点环节亲自协调、重要案件亲自督办。班子其他成员根据工作分工，切实抓好分管范围内的党风廉政建设工作。纪委要积极履行组织协调和监督职责，协助党委把党风廉政建设责任分工到位，一级抓一级，层层落实责任，层层传导压力。

（二）建立考核评价体系。要把落实党风廉政建设“两个责任”情况作为领导干部考核评价的重要内容，作为对班子总体评价和领导干部评先评优、提拔使用的重要参考依据。把推进党风廉政建设的绩效和能力作为年度考核、任期考核、干部考察的重要依据。

（三）完善责任追究机制。对履行职责不力，在政策落实、项目执行、科研管理、权力规范运行等方面出现违纪违规问题或长期风气不正的，要追究相关领导相应责任。对发现问题不闻不问的、不抓不管不报告的，要追究责任，切实维护党风廉政建设责任制的权威性和威慑力。

中国农业科学院兰州畜牧与兽药研究所科研经费信息公开实施细则

农科牧药党〔2014〕10号

为进一步加强研究所科研经费管理，规范科研经费使用，提高资金使用效益，根据《中国农业科学院科研经费信息公开管理办法》规定，结合研究所实际，制订本实施细则。

第一章　总　则

第一条　本细则要求公开的科研经费信息是指：除有特殊规定不宜公开的科研课题（项目）经费外，由研究所分配和使用的科研经费信息。

第二条　研究所对各级财政或非各级财政资助的科研经费信息公开，均按照本实施细则实施。

第三条　研究所是信息公开的责任主体，应坚持客观真实、注重实效的原则，组织实施科研经费信息公开工作。

第四条　信息公开前，研究所办公室、科技管理处依照国家保密法律法规和有关规定对拟公开的信息进行保密审查，涉及国家秘密技术的，按国家秘密技术保护有关法律法规执行。涉及商业秘密、知识产权、个人信息的关键词用“*”替代。确保公开的信息不泄密。

第二章　公开范围和内容

第五条　向全所职工公开的科研经费信息包括：

（一）全年各项科研经费信息。公开内容包括主持人、课题（项目）名称、立项部门与合同金额等。

（二）立项信息。公开内容包括课题（项目）名称、实施期限、主持人和成员、获得成果、经费结算情况、验收时间、验收组织单位、验收组成员和结题验收意见等。

第六条 向所领导班子成员、财务管理、科研管理和纪检监察部门负责人公开的科研经费信息包括课题（项目）经费使用的过程信息、课题（项目）组科研副产品收入及处置信息。

过程信息公开内容主要包括预算调整情况、试剂耗材费、会议费、劳务费、专家咨询费、出国（境）费、大型仪器设备采购、外拨经费等详细信息。

第七条 课题主持人向课题（项目）组成员公开的科研经费包括本课题（项目）分配和使用的全部科研经费、科研副产品收入及处置情况。

第三章 公开形式和期限

第八条 科研经费信息可采取提供查询、电子邮件、公告栏、文件传阅、会议通报等多种形式公开。

第九条 全年各项科研经费信息在每年 3 月底前公开；课题（项目）的立项信息在研究所收到签定完毕的课题（项目）任务书后 1 个月内公开；结题验收信息在课题（项目）验收工作结束后 1 个月内公开；过程信息至少每季度公开一次。

第十条 所有科研经费信息公开的时间，均不得少于 1 个月。

第四章 管理和责任追究

第十一条 向全所职工公开的科研经费信息由科技管理处负责；向所领导班子成员、财务管理、科研管理和纪检监察部门负责人公开的科研经费信息以及过程信息等由条件建设与财务处负责；向课题（项目）组成员公开的科研经费信息由课题主持人负责。

第十二条 研究所建立科研经费信息公开的反馈机制。纪检部门应加强对科研经费信息公开的监督检查。对职工的质疑和合理要求，协调有关部门做出解释说明。涉及重要事项和重大问题的，领导班子集体讨论研究解决。

第十三条 对未按规定进行科研经费信息公开的课题（项目），由科技管理部门、纪检部门给予提醒，或由研究所通报批评，并责令整改。

第十四条 本细则自 2015 年 1 月 1 日起实施。

中国农业科学院兰州畜牧与兽药研究所管理部门工作作风建设实施办法

（农科牧药办〔2003〕70号）

为认真践行“三个代表”重要思想，切实加强我所管理部门工作作风建设，规范工作程序，改进服务质量，提高工作效率，根据中国农业科学院《关于切实加强机关工作作风建设的若干意见》和《中国农业科学院首问责任制实施细则》的精神，结合研究所实际，制订本办法。

一、加强学习和调查研究，增强工作的创新意识

（一）管理部门工作人员要以邓小平理论和“三个代表”重要思想为指导，加强政治理论、管理知识和专业知识的学习，提高政治业务素质和管理水平，加强岗位技能培训，以适应新时期我所改革发展和办公信息化的需要。

（二）围绕研究所不同时期的工作重点和科研人员反映的热点、难点问题，主动深入各研究室、各部门开展调查研究，听取意见和建议，开展多种形式的工作调研，提高政策水平和工作能力；部门负责人每半年要向所里提交一篇有针对性、有情况分析、有见解的调研报告，以便进一步拓展工作思路，改进工作方法。

（三）积极主动地从全所建设与发展的大局出发来思考和研究本部门的工作，认真研究和准确把握工作大局，在服务大局中找准位置、发挥作用。积极加强各职能部门之间的工作协调和配合，努力增强管理部门工作创新意识。

二、转变工作作风和工作方式，增强服务意识，提高办事效率

（四）进一步深化管理部门运行机制改革，切实转变工作方式，把工作重点转移到草、畜、病、药学科发展战略与方向的分析研究、重大创新项目的组织、科技资源配置、科技活动绩效评价，以及加强对各项课题、各项开发服务活动的指导、考核、评价、监督、协调等宏观管理上来，不断提高工作质量和工作效率。

（五）坚决克服形式主义、官僚主义作风，进一步强化服务意识，牢固树立为科研服务，为广大职工服务的思想，做到积极主动，认真负责，按章办事，增加工作透明度。对各部门及职工要求办理的事情，按规定该办的要及时办理，不能办的要耐心解释。涉及到须与其他部门协调、沟通的要主动协调、沟通，及时给予答复，不许拖拖拉拉、推诿搪塞，不许摆架子、打官腔，彻底杜绝“门难进、脸难看、事难办”的现象。

（六）研究所管理部门全面推行首问责任制，强化工作人员的责任意识。要认真接待好所内外来办事的每一位同志，第一位接待的工作人员即为首问者。首问者应根据实际情况，做出明确答复。属于自己或本部门职责范围内的事项，要认真接待处理，无论是否有结果都应给予明确答复。不属于本人或本部门职责范围的事项，应负责将办事人员安排到相关的部门，直至该部门有工作人员负责接待处理为止。

管理部门工作人员要树立高度的工作责任心和全局意识。熟悉本部门、本处室的工作责任与工作流程，熟悉本人所分管的各项工作以及具体的办事程序，熟悉与本部门、本人工作内容有关的政策法规与有关规章制度，了解其他部门的工作职责。实行挂牌上岗制度，每个办公室门上都要清楚明示所在部门与工作人员姓名，并在办公桌上摆放印有本人照片、表明本人姓名、所在部门、所任职务和职责范围的固定桌签，以方便办事人员。

三、加强管理部门工作的规范化建设，建立良好的工作秩序

（七）管理部门工作人员要严格按照我所各项规章制度办事，规范各项工作的办事程序，做到任务明确、责任到人、层层落实，同时建立行之有效的监管机制，确保各项任务按时、优质完成。

（八）严格办文制度，提高办文质量。根据《中国农业科学院公文处理办法》及《实施细则》，制定适合我所实际的公文处理办法，及时、准确、安全地做好上级来文、来电的登记编号和归口管理工作；进一步规范所发文件类别，强化文件的权威性；严格把好公文起草、审核质量关。

（九）要加强考勤管理，增强工作的纪律性。工作人员在研究所规定的工作时间内（含政治学习、党团活动、业务学习及其他集体活动），应严格遵守作息制度，不得旷工、迟到、早退及中途离开办公室处理私事。上班时间不许在办公室玩电脑游戏及进行其他游戏活动。

四、认真落实党风廉政建设责任制，严格执行廉洁自律的各项规定

（十）各部门要认真落实党风廉政建设责任制，部门负责人对部门的党风廉政建设切实负起责任。部门工作人员要严格执行廉政建设的各项规定，做到廉洁清正，自觉反对滥用权力和违法用权，不折不扣地行使好广大职工赋予的权力。纪检监察人员对违反有关规定和纪律的行为要坚决查处。

（十一）各部门要切实加强对工作人员的艰苦奋斗、厉行节约教育。部门工作人员要自觉遵守财经纪律和廉洁自律的各项规定，自觉抵制在公务活动以及日常办公用品、通讯工具和交通工具等使用过程中的铺张浪费行为，树立勤俭节约的良好风尚。

五、强化领导责任，加强考核管理

（十二）实行领导责任制是加强所管理部门工作建设的关键，各管理部门负责人要对本部门工作作风、工作效率及管理水平承担相应责任，部门主要负责人为第一责任人。同时部门负责人要在执行规定中发挥表率作用，并有责任通过各种方式，加强职工学习培训，提高工作人员的思想政策水平和业务能力，从而提高管理水平和工作效率。

（十三）加强考核工作，充分调动全体人员的积极性。各部门要加强工作人员的考核管理。研究所不定期对各部门的工作态度、工作水平、工作效率以及遵守工作制度方面进行检查考核，做到奖罚分明，充分调动干部职工的积极性、主动性、创造性。管理部门工作人员要自觉接受群众和服务对象的监督与评议，要虚心听取群众意见和建议，并及时落实整改措施。

（十四）研究所办公室要做好部门作风建设的表率作用，同时加大对管理部门工作的监督和协调力度。

中国农业科学院兰州畜牧与兽药研究所关于改进工作作风的规定

农科牧药办〔2013〕3号

为贯彻落实中央关于改进工作作风、密切联系群众的有关规定，根据《中国农业科学院关于改进工作作风的有关规定》（农科院党组发〔2012〕45号），结合研究所实际，制订以下规定：

一、改进会风学风

从严控制会议规模和数量，明确会议主题，精简会议流程，少开会，开短会，讲短话，能合并召开的会议尽量合并召开，提高会议实效。压缩公文篇幅，大力推行“短、实、新”的优良文风。倡导探赜索隐，钩深致远，务实创新的学风，严禁弄虚作假，不搞学术腐败。

二、改进工作作风

要明确职责任务，公开办事程序，防止推诿扯皮，切实履行岗位职责，提高工作效率和工作质量。要进一步增强全局观念，牢固树立以研为本的理念。要提高执行力，认真落实研究所各项决定和上级批办事项，建立督办机制，确保件件有落实、事事有回音。

三、改进公务接待

严格执行公务接待有关规定，不摆排场，不超规格接待和超标准消费。除上级部门重大检查或调研外，一般性接待由归口部门负责人或主管领导负责，主要领导不同时出席。可去可不去的活动，坚决不去；与本职业务和分管工作无关的活动坚决不去。从严控制陪同人员数量，原则上不超过来访人员的1∶1。

四、厉行勤俭节约

从严控制办公用品采购，减少一次性办公用品购置。积极推进研究所电子化、信息化办公，提倡绿色办公、无纸化办公。积极开展节水、节电、节暖、节约办公纸张等活动，杜绝长明灯、长流水，供暖根据气温随时调整。严格执行车辆配备和使用规定，统筹安排，合理使用，提倡低碳出行。

五、节庆活动从简

严格控制节庆活动，必要的节庆活动要从简安排，不得邀请商业演出助兴，不准借节庆活动大吃大喝，不得组织公款消费娱乐活动，防止节日浪费和腐败。除离退休职工迎新春茶话会外，严格控制各种名义的团拜活动。认真遵守廉洁自律各项规定，严禁借考察、学术交流等名义变相出国（境）旅游。

六、密切联系群众

加大所务、党务公开力度，全力推进开放办所、民主办所。设立所长信箱，专门听取职工意见，畅通职工表达诉求渠道。所党政班子成员和中层干部要带头执行改进工作作风各项规定，关心职工生活，为职工解难事、办实事。加强文明建设和创新文化建设，努力构建和谐研究所。

中国农业科学院兰州畜牧与兽药研究所职工守则

（农科牧药办〔2009〕70号）

热爱祖国，服务三农
遵纪守法，廉洁奉公
爱岗敬业，求实创新
爱所如家，艰苦奋斗
崇尚科学，诚实守信
勤奋学习，积极进取
团结友善，情趣健康
讲究卫生，形象大方

中国农业科学院兰州畜牧与兽药研究所科技人员行为准则

（农科牧药办〔2009〕70号）

弘扬科学精神，尊崇唯实求真
信守职业道德，维护科学尊严
摒弃因循守旧，勇于开拓创新
积极开展交流，严守科技秘密
注重团结协作，树立团队精神
倡导尊老扶新，推动事业传承

中国农业科学院兰州畜牧与兽药研究所“标准党支部”建设考评办法

第一条 为加强研究所党支部建设，提高党支部的凝聚力和战斗力，更好地为全所中心工作服务。根据院直属机关党委《关于深入开展创建‘标准党支部’工作的通知》(直党字［1999］6号）精神和所党委《关于开展创建‘标准党支部’活动的通知》(农科牧药党字［1999］2号)，结合我所党建工作实际，参照院“标准党支部”验收标准评分表，制订本办法。

第二条 考评分为“标准党支部”和“先进党支部”。“先进党支部”在“标准党支部”的基础上评选。

第三条 考评范围为研究所各党支部。

第四条 考评工作由党委办公室组织实施，实行定性和定量考评相结合的办法。对符合“标准党支部”考评条件并提交所党委会讨论通过者，授予“标准党支部”称号。

第五条 对“标准党支部”实行动态管理，凡发现有严重问题，工作明显退步，总评分数达不到要求的，将取消其“标准党支部”称号。考评工作每年进行一次。

第六条 标准党支部定量考评内容分为班子建设、组织生活、学习教育、党员管理、党内监督、其他等六项内容。基础分为100分。

第七条 “标准党支部”考评标准为：凡达到100分以上者可拟定为“标准党支部”。

第八条 标准党支部定性考评条件：

(一）支部一班人政治坚定，团结协作，自觉坚持党的路线、方针、政策，有开拓进取精神；

(二）积极贯彻落实部、院、市委及所党委的各项决定，支部成员模范作用好；

(三）认真贯彻民主集中制；

(四）围绕所里的中心工作积极开展政治思想工作，并能联系实际；

(五）党建活动形式多样，方法灵活，效果显著；组织生活正常，效果明显；支部的各项基础资料齐全，记载清楚、报送及时；

(六）在完成业务工作中，能充分发挥战斗堡垒作用。

第九条 “标准党支部”定量考评赋分标准：

(一）班子建设（20分）：

1. 支部书记离开岗位30天以上，未指定主持支部工作的，每次扣2分；
2. 支部成员不履行岗位职责造成不良影响的，每出现1人次扣3分；
3. 年初无计划、年中无自查、年底无总结的，每少1次扣2分；

4. 不坚持每半年向上级党组织报告工作的，每少1次扣2分；

5. 不能按时（3、6、9、12月末之前）向党办上缴党费的，每次扣2分；

6. 支部活动无专门记录或未坚持记录的，每次扣2分；

7. 虚报、瞒报、漏报工作实情或应付检查做假记录的，每项次扣5分；

8. 支部受到所党委表彰的，每次加5分；受所级以上党组织表彰的，每次加10分。

（二）组织生活（20分）：

1. 未按规定（每月1次）召开支委会、支部大会的，每少1次扣1分；

2. 未按规定（每半年1次）召开民主生活会的，每少1次扣6分；

3. 未按规定（每年1次）进行民主评议党员的，扣6分；

4. 不能认真组织党员参加所里各项活动的或参加活动的党员人数占应到党员人数不足80%的，每次扣3分；

5. 党员参加支部生活会年累计缺席4次以上的，每人次扣0.5分；

6. 支委无故不参加支委会、支部大会年累计缺席4次以上的，每人次扣1分；

7. 发现党员有明显问题，不及时谈话提醒的，扣3分；

8. 处级以上领导干部无故不参加支部生活会，每人次扣2分；

9. 党员参加各项活动率年累计低于80%的，每少10个百分点扣2分；

10. 党员参加民主评议率每少5个百分点扣1分；

11. 组织生活形式多样，生动活泼，效果明显的加5分。

（三）学习教育（10分）：

1. 未按照党委安排意见组织党员学习教育的，每少1次扣1分；

2. 党员未经组织会议或活动的部门批准而不参加会议或活动的，每人次扣1分；

3. 党员出差60天以上，无书面思想汇报的，每人次扣1分；

4. 党员外出学习或挂职，能自觉学习，有当地党组织鉴定证明的加3分。

（四）党员管理（20分）：

1. 党员无正当理由不按时（每月1次）缴纳党费的，发现1人次扣1分；

2. 支部不能坚持每半年向党员公布一次党费缴纳情况的，每次扣1分；

3. 不按上级党组织部署进行组织培养和发展工作的，扣3分；

4. 不规范履行入党积极分子发展和预备党员转正手续的，扣2分；

5. 党员迟到、早退，工作时间擅自离岗，每人次扣1分（以所考勤记载为准）；

6. 无理取闹、干扰正常秩序且教育不改的扣5分；

7. 党员受所党委表彰的，每人次加3分，受所级以上党组织表彰的，每人次加5分。

（五）党内监督（20分）：

1. 不能做到每半年分析本支部党风状况的，每次扣1分；

2. 对党员的违法违纪行为和以权谋私等损害党的威信的现象，不及时上报和配合上级党组织认真查处的，扣3分；

3. 党员受党内通报批评或全所党员大会批评的，每人次扣2分；

4. 对党员有违纪表现，支部积极进行批评教育的（有记录），加5分。

（六）其他方面（10分）：

1. 党员在年度考评中被评定为基本称职以下的，每人次扣5分；

2. 有统战对象而不认真做统战工作，对工青妇等群众组织不加强领导和支持开展工作的扣3分；

3. 党员对同志有意见，不善意提出，而采取不当形式，造成不良影响的，每发现一次扣5分。

第十条 有下列情况之一者，一票否决：

（一）支委之间不团结、不配合，严重影响支部工作的；

（二）党员有违法、违纪行为，并受到党内警告或行政记过以上处分的；

（三）发生重大责任事故且造成重大损失或情节严重的；

（四）在创建工作中弄虚作假，应付检查或违反有关规章制度，造成恶劣影响的；

（五）违反计划生育政策的。

第十一条 本办法由所党委办公室负责解释。

第十二条 本办法自2000年4月19日所党委扩大会议通过之日起执行。

兰州畜牧与兽药研究所“标准党支部”建设定量考评统计表

支部：　　　　　　　　　　　　　　　　　　　　　　　年　　月　　日

项目	考评内容	考评分	项目	考评内容	考评分
班子建设（20分）	支部书记离开岗位30天以上，未指定主持工作者，每次扣2分		学习教育（10分）	未按照党委安排意见组织党员学习教育的，每少一次扣1分	
	支部成员不履行岗位职责造成不良影响者，每出现一次扣3分			党员未经组织会议或活动的部门批准，不参加会议或活动每人次扣1分	
	年初无计划、年中无自查、年底无总结者，每少一次扣2分			党员出差60天以上，无书面思想汇报的，每人次扣1分	
	不坚持每半年向上级党组织报告工作，每少一次扣2分			党员外出学习或挂职，能自觉学习，有当地党组织鉴定证明的加3分	
	不能按时（3、6、9、12月末之前）向党办上缴党费者，每次扣2分		党员管理（20分）	党员无正当理由不按时（每月一次）缴纳党费，发现1次扣1分	
	支部活动无专门记录或未坚持记录的，每次扣2分			支部不能坚持每半年向党员公布一次党费缴纳情况的，每少一次扣1分	
	虚报、瞒报、漏报工作实情或应付检查做假记录的，每项扣5分			不按上级党组织部署进行组织培养和发展工作的，扣3分	
	支部受到所党委表彰的，每次加5分，受所级以上党组织表彰的每次加10分			不规范履行入党积极分子发展和预备党员转正手续的，扣2分	
组织生活（20分）	未按规定（每月一次）召开支委会、支部大会的，每少一次扣1分			党员迟到、早退，工作时间擅自离岗，每人次扣1分（以所考勤记载为准）	
	未按规定（每半年一次）召开民主生活会的，每少一次扣6分			无理取闹、干扰正常工作秩序且教育不改的扣5分	
	未按规定（每年一次）进行民主评议党员的，扣6分			党员受所党委表彰，每人次加3分，受所级以上党组织表彰，每人次加5分	
	不组织党员参加所里各项活动或参加活动的党员人数占应到人数不足80%的，每次扣3分		党内监督（20分）	不能做到每半年分析本支部党风状况的，每次扣1分	
	党员参加支部生活会年累计缺席4次以上者，每人次扣0.5分			对党员的违法违纪行为和以权谋私等损害党的威信的现象，不及时上报和配合上级党组织认真查处的，扣3分	
	支委无故不参加支委会、支部大会年累计缺席4次以上者，每人次扣1分			党员受党内通报批评或全所党员大会批评的，每人次扣2分	
	发现党员有明显问题，不及时谈话提醒的，扣3分			对党员有违纪表现，支部积极进行批评教育的（有记录），加5分	
	处级以上领导干部无故不参加支部生活会，每人次扣2分		其他（10分）	党员在年度考评中被评定为基本称职以下的扣5分	
	党员参加各项活动率年累计低于80%的，每少10个百分点扣2分			有统战对象而不做统战工作，对工青妇等群众组织不加强领导和支持开展工作的，扣3分	
	党员参加民主评议率每少5个百分点扣1分			党员对同志有意见，不善意提出，而采取不当形式，造成不良影响的，每发现一次扣5分	
	组织生活形式多样、生动活泼、效果明显的加5分				

总分		支部书记签名		党办审核分		审核人签名		党办负责人签名	
备注	此表于每季末填报。上报时连同活动记录及相关材料一并交党办审核。得分在数字前用“+”表示，扣分在数字前用“-”表示								

中国农业科学院兰州畜牧与兽药研究所党风廉政建设责任制实施办法（试行）

（农科牧药党字〔2001〕6号）

第一章　总则

第一条　为了加强党风廉政建设，明确党政领导班子和领导干部对党风廉政建设应负的责任，保证党风廉政建设各项制度的贯彻落实，根据中共中央、国务院《关于实行党风廉政建设责任制的规定》和院党组《关于实行党风廉政建设责任制的规定》的实施办法（试行），结合研究所实际，制订本办法。

第二条　实行党风廉政建设责任制，要以邓小平理论为指导，坚持“两手抓，两手都要硬”的方针，认真贯彻落实中共中央、国务院关于党风廉政建设和反腐败斗争的一系列决定和指示。

第三条　实行党风廉政建设责任制，要坚持党委统一领导，党政齐抓共管，党委办公室、纪检监察组织协调，部门各负其责，依靠职工的支持和参与。要把党风廉政建设作为本部门的思想建设、组织建设和精神文明建设的重要内容，并纳入党政领导班子和领导干部目标管理，紧密结合各项工作，一起部署，一起落实，一起检查，一起考核。

第四条　实行党风廉政建设责任制，要坚持严格要求，严格管理；立足教育，着眼防范；集体领导与个人分工负责相结合；谁主管，谁负责；一级抓一级，层层抓落实。

第二章　责任范围

第五条　研究所党风廉政建设由所党委统一领导，统一部署，成立党风廉政建设责任制领导小组，所党委书记任组长，有关所领导任副组长，有关部门主要负责人和纪检监察人员任成员。下设办公室，负责日常工作。

第六条 研究所党委书记对全所党风廉政建设工作负总责，对同级班子其他成员出现的问题负有直接领导责任；研究所党委成员、研究所级领导干部对所分管的部门主要领导干部的问题负有直接领导责任。

第七条 所属各部门的正职是本部门党风廉政建设的第一责任人，应对本部门党风廉政建设负总责，并负有直接领导责任；党支部书记和部门副职要协助第一责任人抓好此项工作，也负有领导责任。

第八条 研究所落实党风廉政建设责任制领导小组办公室在所党委领导下，按照上级纪检、监察机关的要求，负责本所党风廉政建设的宣传教育、组织实施和监督检查工作，努力完成各级领导交给的党风廉政建设任务。

第三章 责任内容

第九条 认真贯彻落实党中央、国务院、中纪委、部、院党组和省市关于党风廉政建设的部署和要求，严格执行党风廉政建设的各项规定，保证党的路线、方针、政策和国家法律、政令的贯彻执行。

第十条 定期组织党员、干部和职工学习关于党风廉政建设的理论和法规，模范遵守党的纪律和国家法律法规。进行党性党风党纪和廉政教育。

第十一条 分析研究职责范围内的党风廉政状况，根据党和国家有关规定，结合实际研究制订和完善本所党风廉政建设工作计划、制度和措施，并组织实施。

第十二条 履行监督职责，对管辖范围内的党风廉政建设情况和领导干部廉洁从政情况进行监督、检查和考核。

第十三条 严格按照规定程序和条件选拔任用干部，防止和纠正用人上的不正之风。严格执行民主集中制原则和廉洁自律各项规定。

第十四条 各级领导都要支持纪检监察部门和工作人员履行职责，配合执纪执法机关对违纪违法案件的查处工作，教育和管好本部门工作人员和家庭成员。

第十五条 认真完成上级党政部门交办的其他党风廉政建设任务。

第四章 责任检查与考核

第十六条 所级党政领导干部接受中国农业科学院的检查与考核，所内各部门中层

领导干部的检查与考核由所党委组织实施，同时应将贯彻落实党风廉政建设责任制的情况列入全所及各部门、各党支部年度考评工作之中。

第十七条 对党风廉政建设责任制落实情况的检查考核，采取平时与定期结合、专项与综合结合、自查与组织检查结合的办法进行，广泛听取党内外群众的意见，对发现的问题及时研究解决。

第十八条 建立和完善党风廉政建设责任制的民主测评制度。所党委成员、所级领导干部和部门领导干部，要把执行党风廉政建设责任制情况，列为民主生活会和述职报告的重要内容，并与其工作目标管理、年度考评相结合。

第十九条 建立和完善领导干部执行党风廉政建设责任制及其廉洁自律状况档案制度。将党风廉政建设责任制执行情况的检查考核结果，作为对部门领导干部业绩评定、奖励惩处和选拔任用的重要依据。今后在选拔任用部门领导干部之前，必须征求所纪检监察部门的意见。

第二十条 所党风廉政建设领导小组每半年听取一次部门领导关于本人廉洁自律和本部门党风廉政建设工作情况汇报，同时征求各部门群众对所领导及其他部门在党风廉政建设中的意见与建议，分析形势，研究问题，督促党风廉政建设工作计划和各项制度的落实。

第二十一条 纪检监察干部要经常深入基层，调查研究，虚心听取群众意见，总结经验，及时主动向所领导汇报情况。

第五章 责任追究

第二十二条 研究所领导干部违反本办法第三章，有下列情形之一的，给予组织处理或者党纪处分：

（一）对直接管辖范围内发生的明令禁止的不正之风不制止、不查处，或者对上级领导机关交办的党风廉政建设责任范围内的事项拒不办理，或者对严重违法违纪问题隐瞒不报、压制不查的，给予负直接领导责任的主管人员警告、严重警告处分；情节严重的给予撤销党内职务处分。

（二）对在直接管辖范围内发生重大案件，致使国家集体资财和人民群众生命财产遭受重大损失或者造成恶劣影响的，责令负直接领导责任的主管人员辞职或者对其免职。

（三）对违反《党政领导干部选拔任用工作暂行条例》的规定选拔任用干部而造成恶劣影响的，给予负直接领导责任的主管人员警告、严重警告处分，情节严重的，给予撤销党内职务处分；提拔任用明显有违法违纪行为的人，给予严重警告、撤销党内职务或者留党查看处分，情节严重的，给予开除党籍处分。

（四）对授意、指使、强令下属人员违反财政、金融、税务、审计、统计等法规，弄虚作假的，给予负直接领导责任的主管人员警告、严重警告处分；情节较重的，给予撤销党内职务处分；情节严重的，给予留党查看或者开除党籍处分。

（五）对授意、指使、强令下属人员阻挠、干扰、对抗监督检查或者案件查处，或者对办案人、检举控告人、证明人打击报复的，给予负直接领导责任的主管人员严重警告或者撤销党内职务处分；情节严重的，给予留党查看或者开除党籍处分。

（六）对配偶、子女严重违法违纪知情不管的，责令其辞职或者对其免职；包庇、纵容的，给予撤销党内职务处分；情节严重的，给予留党查看或者开除党籍处分。

（七）其他违反本办法第三章的行为，情节较轻的，给予批评教育或者责令作出检查；情节较重的，给予相应的组织处理或者党纪处分。

具有上述情形之一，需要追究政纪责任的，按照有关规定给予相应的行政处分；涉嫌犯罪的，移交司法机关追究刑事责任。

第二十三条 实施责任追究，要实事求是，分清集体责任与个人责任，直接领导责任和一般领导责任。

第六章 附 则

第二十四条 本办法适用于本所各部门。

第二十五条 本办法由党委办公室、纪检监察负责解释。

第二十六条 本办法自下发之日起施行。

中国农业科学院兰州畜牧与兽药研究所关于创建文明处室、文明班组、文明职工的实施意见

为更好地动员广大干部职工积极参与精神文明建设活动，把研究所两个文明建设提高到一个新的水平，强化科研和服务意识，根据《中国农业科学院文明单位暂行规定》和院党组《关于开展评选文明职工及文明标兵活动的通知》精神，结合研究所实际，对创建工作特提出如下实施意见。

一、指导思想

坚持党的“一个中心，两个基本点”的基本路线和“两手都要硬”的方针，紧密结合研究所实际，务实求真，以理论教育为重点，加强思想建设；以“献身科研事业，服务农业，服务人民”为核心，加强道德建设；以创建文明单位、文明职工为载体，开展群众性的精神文明创建活动。

二、目的意义

创建文明单位和文明职工的活动，是社会主义精神文明建设的重要任务之一，是社会主义改革和建设的实践提出的迫切要求。通过努力工作，要在全所广大干部职工中牢固树立建设有中国特色社会主义的共同理想和坚持党的基本路线不动摇的坚定信念，提高思想道德水平，改进工作作风，提高科研和管理水平，开创我所精神文明建设的新局面。

三、评选机构、范围与办法

（一）评选机构：评选工作在所精神文明建设指导委员会的领导下进行。下设办公室，主要负责对文明处室、文明职工的初审、初评工作。办事机构为所党委办公室。

（二）评选范围和比例：所属各处、室、科、中心、厂、站、班、课题组和在册正式职工（包括合同制工人）均可参加评选。每年评选 1 次。所级文明处室每年评选 2 ~ 4 个；文明班组 2 ~ 4 个，文明职工每年控制在 10 ~ 15 名，所文明职工标兵 2 ~ 3 名，并推荐 2 名参加院级文明职工的评选。

（三）评选办法：采取自下而上，层层评选、推荐的方式进行。

所属各单位首先要根据创建条件，认真自查，并写出自查报告和申请；文明班组和文明职工由所在单位推荐。材料要实事求是，突出重点。并于每年12月10日前报所党委办公室，同时做好检查评选的准备工作。

四、文明处室、文明班组标准和文明职工条件

（一）文明处室、文明班组标准：

1. 领导要坚持党的“一个中心，两个基本点”的基本路线，坚持“两手抓，两手都要硬”的方针，团结同志，廉洁奉公；

2. 讲政治，坚持民主集中制的原则，坚决贯彻执行党的各项方针政策，在思想上、政治上、行动上同党中央保持一致；

3. 团结合作，整体凝聚力、战斗力强；

4. 锐意改革，大胆探索，创造性地开展工作，成效显著；

5. 完成工作任务好，学术思想活跃，有良好的工作作风和学风；

6. 取得国家和省、部级奖励成果1项以上，有效期5年；

7. 职能部门为科研服务思想明确，措施有力，服务好，成绩突出，工作效率高，受到职工普遍好评；

8. 职工精神面貌好，风气正，奉献精神和全局观念强；

9. 积极参加所里各项活动，与其他单位团结协作好；

10. 卫生整洁，管理严谨，有良好的工作秩序；

11. 遵纪守法和遵守所里各项规章制度，职工法制观念强，未发生违纪和刑事案件，无重大事故；

12. 移风易俗，勤俭节约，没有封建迷信活动、酗酒、赌博、吸毒等现象。

（二）文明职工条件：

1. 基本条件：

（1）热爱党，热爱祖国，热爱社会主义，思想上、政治上、行动上同党中央保持一致；

（2）爱岗敬业，忠于职守，刻苦学习，积极肯干，成绩优良；

（3）学风严谨，顽强拼搏，团结协作，勇于创新，乐于奉献；

（4）热爱集体，爱护公物，顾全大局，坦诚相见，不争名利；

（5）遵纪守法，服从领导，廉洁奉公，作风正派，礼貌待人。

2. 单项条件：

（1）在学雷锋、助人为乐方面事迹突出；

（2）讲原则，能开展批评与自我批评，勇于同不良现象做斗争；

（3）刻苦钻研业务，完成任务好，有贡献；

（4）拾金不昧，数额巨大；

（5）尊老爱幼，家庭和睦，邻里关系好；

（6）在住房、评定职称等方面，发扬风格，谦让他人，事迹突出；

（7）积极参加创建活动，参与意识和创建意识强；

（8）在治安综合治理、绿化、美化环境、义务献血、计划生育、爱国卫生、交通安全工作中有突出贡献。

五、表彰奖励

实施奖励旨在于调动全所职工的积极性、创造性，推动各项工作和促进两个文明的健康协调发展。实行精神奖励为主，物质奖励为辅的原则，深入、持久地把创建活动坚持下去，把社会主义精神文明建设落到实处。

（一）对在创建活动中达到标准的单位授予“文明处室”“文明班组”称号，并颁发奖状。成绩突出的个人授予“文明职工”“文明职工标兵”称号，并颁发证书。

（二）对获“文明处室”称号的由所给予一次性奖励，奖金500元；对获“文明班组”称号的由所给予一次性奖励，奖金300元；对获“文明职工标兵”称号的由所给予一次性奖金300元；对获“文明职工”称号的由所给予一次性奖金100元；对有功人员，根据实际情况，适当增发奖金。

（三）奖励资金从所开发创收经费中解决。

六、保证措施

（一）领导到位。创建活动能否落实，关键在于各处室领导。因此，各处、室领导首先要从思想上、认识上、行动上到位，以身作则，为人表率，发动群众，把创建工作作为一项重要工作任务来抓。

（二）党支部、团总支要加强对党团员的教育和管理，充分发挥党团员在创建活动中的先锋模范作用。

（三）采取多种形式，宣传好人好事和先进典型，做好经验交流，宣传教育，鼓舞士气的工作。

（四）所精神文明建设指导委员会要经常检查指导各处室的创建工作，不断总结经验，以点带面，保证创建工作沿着正确的方面健康发展。

为保证我所“九五”到2010年各项艰巨任务的完成，同时把一支高素质的科技队伍和管理队伍带到21世纪，必须下大力加强精神文明建设，不断提高干部职工的思想道德素质。精神文明建设是一个长期工作任务，必须以坚定的信念和坚韧不拔的毅力，努力推进这一任务的顺利进行。拼搏进取，坚持高标准，把我所的文明创建活动深入持久地坚持下去。

中国农业科学院兰州畜牧与兽药研究所文明处室、文明班组、文明职工评选办法

（农科牧药党〔2012〕1号）

第一条 为积极开展文明处室、文明班组、文明职工创建活动，全面推动我所文明建设，根据中国农业科学院《文明单位标准》、《文明职工条件》，结合研究所实际，制订本办法。

第二条 文明处室评选范围为研究所各处、室、厂、中心。文明班组评选范围为各课题组、项目建设组、科、部门内设班组、专项工作组等。文明职工从年度考核优秀职工中产生。

研究所每年评选文明处室2个、文明班组5个、文明职工5个。

第三条 文明处室、文明班组、文明职工评选工作由所考核领导小组组织实施。

第四条 文明处室评选条件及办法

（一）基本条件：

1. 部门领导重视文明建设工作，职工积极参加研究所文明创建活动。
2. 部门能够按计划完成或超额完成年度任务。
3. 职工精神面貌好，风气正，奉献精神和全局观念强。
4. 卫生整洁，管理严谨，有良好的工作秩序。
5. 年内部门无严重责任事故，部门职工无违法行为和严重违纪行为。

（二）评选内容：

1. 年度工作考评得分。为各部门在年终工作考核大会上由参会人员对该部门工作进行测评的得分，满分50分。
2. 所班子打分。为所领导对各部门年度工作考核打分，满分50分。
3. 部门工作人员迟到、早退一次扣0.5分，旷工一次扣2分。
4. 在研究所卫生评比活动中，被评为卫生状况差的，每次扣2分。

（三）评选办法：将各部门上述评选内容得分相加（减），按照各部门最终得分，从高到低依次确认文明处室。

（四）有下列情形之一者，部门不能被评为文明处室。

1. 部门发生严重责任事故的；部门工作人员有违法行为且被有关部门追究责任的。
2. 部门发生打架斗殴、伤害他人事件的。
3. 部门工作人员无理取闹，干扰研究所正常工作秩序且经教育不改的。
4. 部门工作人员有违反计划生育政策的。
5. 违反财经纪律，问题严重的。
6. 部门工作人员受到研究所党纪政纪处分的。

7．部门工作人员有剽窃及学术造假行为的。

8．部门或部门工作人员受到研究所或上级主管部门书面批评的。

第五条 文明班组评选条件及办法：

（一）文明班组分课题组和其他班组两片进行评选。课题组为研究所确认的在研课题组，其他班组为研究所各个项目建设组、科、部门内设班组、专项工作组等。

（二）文明班组中课题组和其他班组的名额比例，根据候选课题组的数量和其他候选班组的数量，由所考核领导小组确定。

（三）课题组的评选根据研究所年度课题执行情况汇报检查得分，结合课题组年度取得的成果、获奖情况等确定。

（四）其他班组的评选，由各部门进行推荐，根据各班组所得推荐票数的多少，按照拟确定的文明班组数量，以 1∶1.5 的比例提出候选班组，再由所考核领导小组投票确定。

（五）有下列情形之一者，不能被评为文明班组。

1．班组发生严重责任事故的；班组成员有违法行为且被有关部门追究责任的。

2．班组内发生打架斗殴、伤害他人事件的。

3．班组成员无理取闹，干扰研究所正常工作秩序且经教育不改的。

4．班组成员有违反计划生育政策的。

5．违反财经纪律，问题严重的。

6．班组成员受到研究所党纪政纪处分的。

7．班组成员有剽窃及学术造假行为的。

8．班组或班组成员受到研究所或上级主管部门书面批评的。

第六条 文明职工评选：

（一）文明职工从研究所年度考核优秀者中产生。

（二）所考核领导小组根据年度考核优秀者的政治思想、工作态度、工作业绩以及对研究所发展的贡献，综合评议，投票评选文明职工。

第七条 文明处室、文明班组、文明职工的评选结果须进行公示。

第八条 本办法由党办人事处负责解释。